FACHWISSEN FEUERWEHR

de Vries

# EINSATZ VON SCHAUMMITTELN

## Auswahl und Logistik

**Bibliografische Informationen der deutschen Nationalbibliothek**

Die Deutsche Nationalbibliothek verzeichnet diese Publikation in der Deutschen Nationalbibliografie; detaillierte bibliografische Daten sind im Internet über http://www.dnb.de abrufbar.

Bei der Herstellung des Werkes haben wir uns zukunftsbewusst für umweltverträgliche und wiederverwertbare Materialien entschieden. Der Inhalt ist auf chlorfrei gebleichtes Papier gedruckt.

Nachweis der Titelillustrationen: Dr.-Ing. Holger de Vries
Nachweis der Bilder im Innenteil: Dr.-Ing. Holger de Vries, wenn nicht anders angegeben

Art-Director und künstlerische Gesamtleitung: Dr.-Ing. Holger de Vries

ISBN 978-3-609-69628-7

E-Mail: kundenservice@ecomed-storck.de

Telefon: 089/2183-7922
Telefax: 089/2183-7620



www.ecomed-storck.de



Satz: Fotosatz Pfeifer, 82152 Krailling
Druck: Kessler Druck + Medien, 86399 Bobingen

**de Vries**

# Einsatz von Schaummitteln

Auswahl und Logistik

Fachwissen Feuerwehr

# Vorwort

„Zu wenig Wasser" – „Probleme beim Schaummittelnachschub"

Diese zwei Feststellungen stehen in fast jedem Bericht über größere Brandereignisse. Es sind die Einsätze, bei denen die meisten Feuerwehren auf ihre Nachbarn zurückgreifen müssen. Abends um 21:37 Uhr in der kritischen Phase eines Einsatzes etwas „zaubern" zu müssen, um mit eigenem und fremdem Personal und Gerät die Lage zu stabilisieren, ist nicht der beste Zeitpunkt für Improvisation. Bestehen kann hier nur, wer auf vorbereitete und festgelegte Verfahren und Ressourcen zugreifen kann. Dies ist heute wichtiger als in der Vergangenheit, da gerade Einsätze, bei denen Schaum verwendet wurde, vermehrt der nachträglichen gerichtlichen Überprüfung unterzogen werden.

Daher wendet sich diese Broschüre an die Führungskräfte kommunaler Feuerwehren vom Gruppenführer an aufwärts. Sie sind in den meisten Fällen die Einsatzleiter der ersten Phase.

Bei Werk- und Flughafenfeuerwehren wird vorausgesetzt, dass sie das „Schaumgeschäft" beherrschen, daher liegt die Ausrichtung dieser Broschüre nicht auf der Industrie- oder Flugzeugbrandbekämpfung. Gleichwohl mögen auch diese Feuerwehren hier Anregungen für ihre Arbeit finden.

Grundkenntnisse über Schaummitteltypen werden vorausgesetzt. Ebenso ist die Zumischtechnik nicht Bestandteil dieser Darstellung und bereits in anderen Werken ausführlich dargestellt. Dadurch ist es möglich, sowohl grundlegende Verfahren für eine örtliche und überörtliche strategische Planung, die wichtigen Grundlagen bei der Einsatzvorbereitung und ggf. erforderliche Verfahren und Bedarfsrechnungen zur Vorgehensweise an Einsatzstellen kompakt darzustellen.

Diese Broschüre zielt bewusst nur auf zugelassene „echte“ Schaummittel. Erfahrungen mit „Wundermitteln“ – insbesondere von Löschwasserzusätzen, die keine Zulassungen haben, weil sie z.B. angeblich „besser“ als Schaum sind, sich nicht verschäumen lassen oder laut ihres eigenen Sicherheitsdatenblattes selbst brennen, wenn sie auf der Schutzkleidung getrocknet sind – liegen zwar vor, können aber aus offensichtlichen Gründen nicht veröffentlicht werden, obwohl es gerade besonders wichtig wäre, vor einigen zu warnen. Eine einfache Regel lautet: Je mehr „Versuchs“-Videos es online gibt, je länger die Produktpräsentation ist und je exotischer die „Referenzliste“, desto kritischer sollte das Produkt hinterfragt werden.

Der Verfasser dankt insbesondere den Mitgliedern der Freiwilligen Feuerwehr Hamburg-Stellingen F1931, die seit Jahren meinen „Feldversuchen“ ausgesetzt sind und diese stets aktiv unterstützen. Weiterer Dank geht an die Kameraden der FF Hooksiel, der Stützpunktfeuerwehr Aarau (CH), des Einsatzausbildungszentrums Schadenabwehr der Marine in Neustadt/Holstein, der Kreisfeuerwehrzentrale Stormarn, der Werkfeuerwehr NWO Wilhelmshaven, der Flughafenfeuerwehr Köln-Bonn, des Avon Fire & Rescue Service, der Greater Manchester Fire & Rescue Authority, der London Fire Brigade und an die Hersteller von Schläuchen, Armaturen und Schaummitteln, die meine Arbeit unterstützen. Erich Zoellner, Leiter der Marinestützpunktfeuerwehr Wilhelmshaven a.D. und Kapitänleutnant d.R. hat mich bei Wind und Wetter bei meinen Messungen und späterhin bei deren Auswertungen maßgeblich unterstützt.

Hamburg, April 2017 Dr.-Ing. Holger de Vries

**Hinweis:** Zur Vertiefung des Themas wird empfohlen:
de Vries, Holger: „Einsatzpraxis: Brandbekämpfung mit Wasser und Schaum – Technik und Taktik“, ecomed, Landsberg, 3. Auflage.
Hier finden sich in Kap. 6 auch weitere Beispiele für die Technik der Schaummittellogistik.

# Inhalt

# 1 Einführung

Seit dem Erkennen der Vorteile von Schaum für die Brandbekämpfung vor etwa 120 Jahren und der Erfordernis, über effektive Löschmittel gegen Brände brennbarer Flüssigkeiten zu verfügen, folgt die Entwicklung von Schaummitteln und von Geräten zur Schaumerzeugung der zunehmenden Industrialisierung und hier insbesondere der Entwicklung der Petrochemie und des Luftverkehrs [1; 2; 3; 4; 5; 6; 7]. Schon in den 1920er-Jahren gab es sowohl Brandversuche als auch echte Schadenfeuer in Tanks und Tanklagern, die erhebliche Mengen an Gerät und Schaummittel vor Ort erforderten. Dennoch ist die Schaummittellogistik bis heute ein Gebiet, das – bis auf die Rahmenanforderungen an z.B. Wechselladefahrzeuge und ihre Abrollbehälter [8; 9] – nicht normativ abgedeckt ist. Während bei den motorisierten Luftschutz-Abteilungen noch „zwei Lkw zum Mitführen von Schaumlöschmittel und Hilfsgerät“ [10] vorgesehen waren, sind seit 1945 für den Luftschutzhilfsdienst (LSHD) und den derzeitigen Katastrophenschutz keinerlei derartige Komponenten vorgesehen [11]. Anders in Großbritannien, wo aus den Erfahrungen des Zweiten Weltkrieges heraus ein Verband namens „Mobile Fire Column“ (MFC) geschaffen wurde, der ähnlich einem Bataillon über eigene Führungs-, Fernmelde-, Logistik- und Instandsetzungskomponenten verfügte und somit weitgehend autark agieren konnte [12]. Eine MFC bestand aus 676 Feuerwehrangehörigen und 144 Fahrzeugen, darunter auch Pritschen-Lkw als „Foam Tenders“, die in Gestellen 100 Schaummittelbehälter sowie Zumischer, Schaumrohre und „Foam Generators“ mitgeführt haben [13; 14; 15; 16; 17].

In Deutschland stellte die Fa. Total 1952 ihr „Zumischfahrzeug SLF 4000 G“ auf Büssing Fahrgestell mit Schaummittelpumpe vor, das bei 3,5 % Zumischung 30 Minuten lang max. 4.000 L/min Wasser-Schaummittel-Gemisch erzeugen und über vier B-Ein- bzw. Ausgänge abgeben konnte.

**Abbildung 1a und b:** Fast baugleich: Links ein „Petrol Carrier“ (hier ohne Gestelle für die Kraftstoffkanister), rechts ein „Foam Tender“ auf Bedford „S“ 4 x 2 (Quelle: Kent Fire Museum Archives)

**Abbildung 2:** Total „Zumischfahrzeug SLF 4000 G“ 1952 (Quelle: Werkfoto Total)

Ohne die Beschränkungen der „Seebohm'schen Gesetze“ für den westdeutschen Lastwagenbau- und -betrieb ab 1956 nahm die kommunale Schaummittellogistik in Großbritannien (Vierachser waren dort seit den späten 1930er-Jahren üblich) ganz andere Dimension an als in Deutschland.

**Abbildung 3:**
Bulk Foam Unit (a.D.) des Cheshire Fire Service

Im Gebiet der DDR mit dem Charme der wirklich weitgehend einheitlichen Feuerwehrausstattung wurden ab 1957 Schaumbildneranhänger [18] mit 450 Litern Mehrbereichsschaummittel (SBA 4,5) in großen Stückzahlen gebaut. Diese wurden entweder mit den halbstationär installierten Zumischern Z 1,5 und/oder Z 4,5 betrieben oder mit zwei C-Saugschläuchen konnte direkt in TLF 16 GMK eingespeist und diese mit Schaummittel versorgt werden.

**Abbildung 4a und b:** Schaumbildneranhänger (SBA 4,5), rechts nach Truppenumbau, um auch ein Leichtschaumgerät LSG 400 T mitführen zu können

In Deutschland stand in den 1960er-Jahren die Entwicklung der synthetischen Mehrbereich-Schaummittel (MBS) im Vordergrund. MBS gehören heute in Deutschland zur Standardausrüstung der kommunalen Feuerwehren. In England wurden zur gleichen Zeit fluorierte Proteinschaummittel und in den USA filmbildende Schaummittel (AFFF) entwickelt, die ab dem Jahr 2000 in dieser Form nicht mehr hergestellt oder eingesetzt werden dürfen [19; 20; 21; 22]. Parallel dazu wurden für Werk- und Flughafenfeuerwehren entsprechende Fahrzeuge entwickelt, die unter nicht genormten Begriffen wie z.B. Schaumlöschfahrzeug, Sonderlöschfahrzeug, Zumischerlöschfahrzeug, Großtanklöschfahrzeug, Flugfeldfahrzeug geführt werden. Die auf den meist dreiachsigen Fahrgestellen mitgeführte Löschmittelmenge betrug üblicherweise 10.000 L mit unterschiedlichen Anteilen an Wasser und Schaummittel.

**Abbildung 5a und b:** Schaummittel-Löschfahrzeug (SLF 24/100-1) [23] (Quelle: Heiner Lahmann)

Ein „Sonderfahrzeug“, das in den 1960er-Jahren erstmals unter der Bezeichnung „GTLF 6“ oder „ZB 6“ auftauchte, hat als „TLF 24/50“ bzw. „TLF 4000“ Eingang in die Normung gefunden. Ab Ende der 1970er-Jahre ging der Trend, beginnend bei den Berufsfeuerwehren und heute auch bei den Freiwilligen Feuerwehren und Landkreisen weg von den reinen Sonderfahrzeugen mit kaum Umbaumöglichkeiten hin zu Wechselladefahrzeugen [24]. Dies betrifft aktuell auch zu ersetzende TLF 24/50, zumal der Löschwasserbehälter bei den heute beschafften Löschgruppenfahrzeugen oft bereits zwischen 1.000 Litern und 2.000 Litern, teilweise bis zu 3.000 Litern fasst, während das LF 16 zur Entstehungszeit des TLF 24/50 nach Norm nur 800 Liter Wasser mitführte. Doch selbst die vorhandenen TLF 24/50 und ihre Nachfolgemodelle allein können eine flächendeckende und langfristige Schaummittelversorgung nicht sicherstellen, so dass weiterhin der Bedarf für kommunale und überörtliche Schaummittellogistik besteht.

**Abbildung 6a und b:** Schaumtankfahrzeug STF [25] mit 5.000 L MBS (BF Hamburg, Baujahre 1976 bis 1980) [26]

Bei kommunalen Feuerwehren kann aufgrund der Normung der Fahrzeugbeladung zwar mindestens von der Verfügbarkeit von Injektorzumischern und Luftschaumrohren ausgegangen werden, aufgrund der kommunalen Zuständigkeit der Feuerwehren ist die Menge an Schaummittel, die einer Feuerwehr „im ersten Abmarsch" zur Verfügung steht, aber auch heute noch letztlich abhängig von der Stadt-/Gemeindegröße bzw. ihrer Bevölkerungszahl.

# 2 Logistik

## 2.1 Grundlagen

Zum Ursprung des Begriffs: „Logistik“ leitet sich von den frz. Wörtern „loger“ (dt.: beherbergen, unterbringen, einquartieren) und „logis“ (dt.: Wohnung, Quartier) ab. Logistik ist ein Sammelbegriff für vielfältigste physische, die Truppe unterstützende Aufgaben und wird auch zivil verwendet [27].

**„Die 6 R der Logistik“:** Die Logistik hat die Aufgabe, die richtige Menge der richtigen Objekte [materielle Güter und Informationen] am richtigen Ort zum richtigen Zeitpunkt in der richtigen Qualität zu den richtigen Kosten zur Verfügung zu stellen.

Streng genommen verfügt der weit überwiegende Teil der deutschen Feuerwehren nicht über Logistik, da es innerhalb der eigenen Organisation keinen entsprechenden Fachdienst gibt und keine Depots oder Lager, aus denen „über das Tagesgeschäft hinaus“ eine logistische Leistung erbracht werden könnte: Die kommunalen Feuerwehren können direkt nur über das verfügen, was auf ihren Fahrzeugen, ggf. auf Abrollbehältern und/oder Alarmlagern vorgehalten wird. Darüber hinaus – abgesehen von Ausnahmen wie der „nationalen Sandsackreserve“ oder „Landesreserven“, z.B. an Schaummittel, Hochwasser- oder Waldbrandgerät, die alle auch nicht Teil einer kommunalen Feuerwehr sind – müssen die Feuerwehren auf die Technik und Vorräte ihrer Nachbarn oder anderer Organisationen zurückgreifen.

Grundsätzlich richten sich Umfang, Zusammensetzung und Struktur der für Einsätze bereitzustellenden Fähigkeiten, Kräfte und Mittel nach dem logistischen Bedarf der Einsatzkräfte und ggf. nach Verfügbarkeit von Leistungen Dritter. Dies umfasst Transport, Unterbringung und Verpflegung der Einsatzkräfte sowie Transport, Lagerung und Wartung aller Gebrauchs- und Verbrauchsgegenstände gemäß der jeweiligen taktischen Entscheidungen der

Einsatzleitung und das Unterstützen der Rückführung von Personal, Ausrüstung und Vorräten bei Beendigung eines Einsatzes. Dabei geht es um Aufgaben der Erst- und der Folgeversorgung zu der/den Einsatzstelle/n.

Für den Bereich der Feuerwehr wäre es sinnvoll, den Bereich der Beschaffung insbesondere der Verbrauchsgüter auch im Bereich der Logistik zu verorten. Hinsichtlich der Beschaffung und in gewissem Maße auch des Einsatzes von Löschmitteln zeigt Abbildung 7 die maßgeblichen Faktoren.

**Abbildung 7:**
Faktoren zur Auswahl von Löschmitteln

Grundsätzlich sollte nur noch Schaummittel für Flüssigkeitsbrände für 1 %, maximal für 3 % Zumischung beschafft werden. Schwach konzentrierte Schaummittel für 6 % Zumischung erfordern nicht nur mehr Transportvolumen, sondern bieten dem Einsatzpersonal auch keine Sicherheitsreserven. Grundsätzlich kann bei halbem Transportvolumen mit Schaummittel für 3 % Zumischung die gleiche Menge Schaum erzeugt werden wie mit Schaummittel für 6 % Zumischung. Die Menge an Class-A-Foam-Schaummittel ist noch geringer, da in der Praxis mit Zumischraten zwischen 0,1 und 0,5 %

gearbeitet wird. Dies ist insbesondere für die Feuerwehren interessant, die sich nicht dem Ausufern der zulässigen Gesamtmasse ihrer Fahrzeuge hingeben wollen. Für jeden Z-Zumischer auf den Löschfahrzeugen sollte jeweils ein Dosieraufsatz mitgeführt werden, um ohne Vorverdünnung oder das Nebenschlussverfahren (beachte: Trinkwasserhygiene) Zumischraten kleiner als ein Prozent darstellen zu können.

## 2.2 Transport: Gebinde und Tanks

Es ist zwar sehr schön, dass alle Schaummittelkanister gelb sein müssen und es für diese sogar eine eigene Feuerwehrnorm gibt, die 1937 sicherlich sinnvoll war. Praktischer ist es jedoch, die Schaummittelkanister farblich so zu kennzeichnen, dass man eine Information über ihren Inhalt bekommt. Nachdem sich die Feuerwehren mittlerweile selbst für ihre Werkzeugkästen an den Industriestandards für professionelle Logistiksysteme (Gitterboxen, Paletten etc. nach „EURO-Maßen“) gewöhnt haben, ist es nur logisch, auch bei den Schaummittelkanistern langfristig auf die teurere „gelbe Feuerwehr-Insellösung“ zu verzichten und industrieübliche Gebinde zu verwenden (wie alle anderen Feuerwehren auf dieser Welt).

**Abbildung 8a und b:** Handelsübliche Schaummittelbehälter, beachte den Barcode [28]

**Abbildung 9:** Anhänger mit Monitor, Zumischeinheit und IBC (Quelle: MSR Dosiertechnik)

Bei IBC-Behältern ist eine Entnahme des Schaummittels durch die (obere) Deckelöffnung möglich. Hier ist es sinnvoll, dass Ansaugschläuche mit Steigrohren entsprechender Länge vorhanden sind, wie auch die aktuelle Norm vorsieht [29, *vgl. Kap. 6.2.1*]. Bei IBC-Behältern kann außerdem das Bodenventil mit entsprechenden Übergangsstücken zur Schaummittelentnahme genutzt werden. Gleichermaßen sollten handelsübliche Fassschlüssel auf den entsprechenden Fahrzeugen, Abrollbehältern oder Rüstsätzen mitgeführt werden. IBC können nicht nur auf Anhängern, GW-L und Abrollbehältern zum Schaummitteltransport genutzt werden, sondern eignen sich auch zum „halbstationären“ Einbau in Feuerwehrfahrzeuge mit konventionellem Aufbau, wie z.B. realisiert beim GTLF 40/15000-1000 der Brandweer Drenthe (038660, Standort Emmen) auf Fahrgestell MAN TGS 35.400 8x4-4 BL, das mit einer Zumischeinrichtung vom Typ CTD Salamander mit einem max. Volumenstrom vom 1.000 L/min ausgestattet ist. Statt einer aufwändigen Installation wird hier ein leicht wechselbarer IBC-Behälter im Geräteraum GR zum Transport des Schaummittels verwendet [30].

**Abbildung 10:** Mengenäquivalent eines Anhängers mit IBC-Behälter gegenüber dem Schaummittelvorrat genormter LF

**Abbildung 11a und b:** GTLF 40/15000-1000 der Brandweer Drenthe mit IBC-Schaummittelbehälter im GR [31]

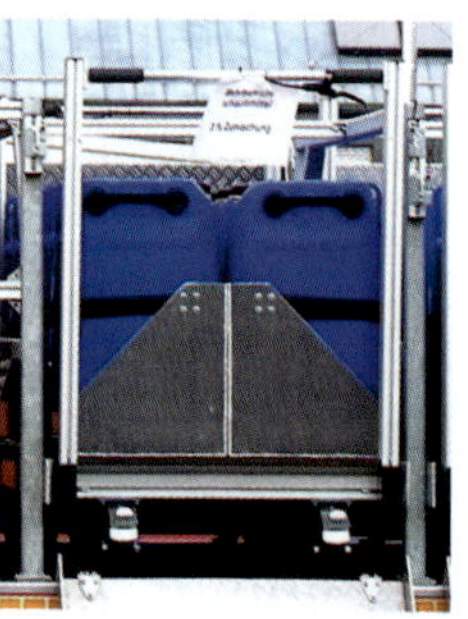

**Abbildung 12a und b:** WLF und AB-Sonderlöschmittel (AB-SLM) der FF Neu-Isenburg mit Mischbeladung [32]

**Abbildung 13:** WLF und AB-Schaum (10 m³ MBS) als Tank der Feuerwehr Pforzheim [33]

Bei den meisten Feuerwehren erfolgt der Transport von (Sonder-)Löschmitteln heute mittels Wechselladern und Abrollbehälter, die zum Teil mit, zum Teil ohne Zumischtechnik ausgestattet sind. Nachfolgend sind einige dazu alternative technische Lösungen dargestellt, deren Vor- und Nachteile im jeweiligen Einzelfall geprüft und bewertet werden müssen.

**Abbildung 14a und b:** WLF mit Absetzbehälter System „Ruthmann Cargolift" der WF Infracor und der FF Sankt Augustin. Vorteil des Systems: geringer Höhenunterschied, kein Kippen der Ladung beim Auf- und Abprotzen (Quelle: Pressefotos Fa. Ruthmann)

**Abbildung 15:** GTLF/ULF: Die Gebäudeversicherung des Kantons Zürich hat in den letzten Jahrzehnten Stützpunktfeuerwehren mit vierachsigen Löschfahrzeugen ausgestattet, mit der feuerwehrtechnischen Beladung eines LF24/LF20 und wie in diesem Beispiel (Bj. 1998; Carrosserie Rusterholz) mit 5.000 L Wasser, 1.500 L Schaummittel, 1.500 kg Pulver, Magirus-Pumpe mit 4.200 L/min bei 8 bar, 320 L/min bei 40 bar. (Quelle: Olaf Wilke)

**Abbildung 16:** Sattelauflieger Schaumreserve der WF InfraLeuna (Bj. 2016) mit Wasserwerfern und Armaturen, 11.000 L Schaummittel, Schaummittelpumpe (1.000 L/min). Geringer Höhenunterschied, kaum Kippen der Ladung beim Auf- und Abprotzen (Quelle: Fa. EMPL)

**Abbildung 17:** Großtanklöschfahrzeug (GTLF) der BF Antwerpen, Tankauflieger Stevens, Ausbau Rosenbauer, 20.000 L Wasser, 1.500 L Schaummittel, 1.000 L Ölbindemittel (Quelle: Stephan Kutsch)

**Abbildung 18a und b:** Eine Kombination der zwei Zugmaschinen (gebraucht beschafft) und fünf Sattelauflieger der regionalen Feuerwehr Zeeland, Veiligheidsregio Zeeland, Region Nr. 19, stationiert bei der BF Borssele, aus handelsüblichen Komponenten und 26.000 Liter Schaummittel (Quelle: Stephan Kutsch) [34]

## 2.3 Organisation

Gerade ob des Mangels an einer „übergeordneten" Logistik im strengen Sinne ist es erforderlich, dass sich Feuerwehren regional (Landkreis, Leitstellenbereich) selbst eine Struktur schaffen, um die Verfügbarkeit von Schaummittel (und anderem Sondergerät) sicherzustellen. Diese Information sollte auch öffentlich zugänglich sein, vgl. z.B. das Schaumeinsatzkonzept der Feuerwehr Bremen [35]. Ein Vorschlag für einen Erhebungsbogen ist im Anhang (S. 87/88) enthalten und in Kapitel 2.4 ist ein fiktives Beispiel für eine überörtliche Planung erläutert.

An großen Einsatzstellen mit hohem Schaummittel- und Koordinierungsbedarf ist die Schaummittelversorgung einem Abschnittsleiter zu übertragen, der je nach Landestracht zu kennzeichnen ist [36]. Diesem sind fachkundige Feuerwehrangehörige beizustellen, die ihn bei der Erfüllung seiner Aufgabe unterstützen, z.B. bei der Eingangskontrolle der Schaummittel im Bereitstellungsraum und dem Führen der entsprechenden Dokumentationen [vgl. 37]. Auch hierfür kann der Erhebungsbogen im Anhang verwendet werden.

**Abbildung 19:** Abschnittsleiter Schaummitteleinsatz

## 2.4 Strategische überörtliche Planung

In Abbildung 20 ist zu erkennen, dass ca. 50 % Städte und Gemeinden weniger als 2.000 Einwohner und ca. 90 % weniger als 10.000 Einwohner haben. Innerhalb dieser Städte und Gemeinden können sich die Einwohner auf 10, 20, 30 oder mehr Siedlungsstandorte verteilen. Wenn in diesen Siedlungsstandorten Freiwillige Feuerwehren bestehen, so werden sie mit Löschfahrzeugen ausgestattet sein, die üblicherweise weniger als 120 Liter Schaummittel in tragbaren Schaummittelbehältern mitführen. Diese Ausstattung ist für das „Tagesgeschäft" durchaus ausreichend. Durch Ausbau und Neuansiedelung von Gewerbegebieten mit Betrieben, (Groß-)Märkten und Logistikzentren auch „auf der grünen Wiese" und unter Berücksichtigung des Straßentransports Gefährlicher Stoffe (insbesondere von Brennbaren Flüssigkeiten, davon v.a. Ottokraftstoff, Diesel und Heizöl) ist aber auch in diesen Gebieten mit Schadenereignissen zu rechnen, die einen hohen Schaummittelaufwand erfordern können. Aufgrund des geringen Anteils entsprechender Großbrände ist es aber gleichzeitig unwirtschaftlich, in diesen Städten und Gemeinden große Mengen an Schaummittel und Schaumtechnik zu stationieren.

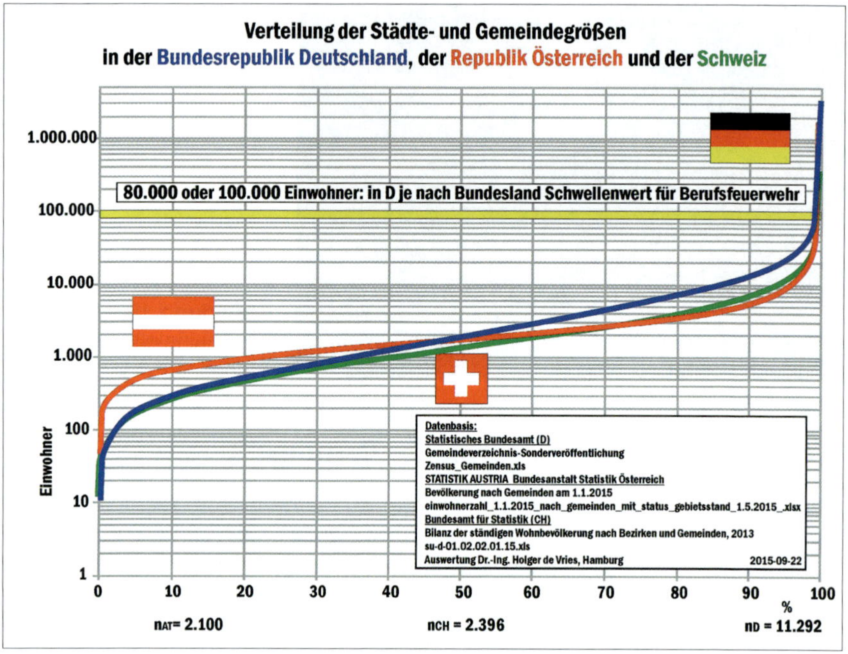

**Abbildung 20:** Verteilung der Städte- und Gemeindegrößen in der Bundesrepublik Deutschland, der Republik Österreich und der Schweiz

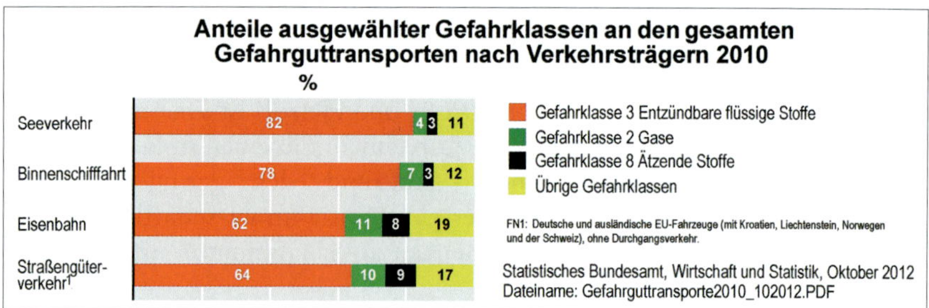


**Abbildung 21:** Anteile ausgewählter Gefahrklassen an den gesamten Gefahrguttransporten nach Verkehrsträgern 2010 (Quelle: Statistisches Bundesamt)

In den Brandschutz-/Feuerwehrgesetzen der Bundesländer heißt es folgendermaßen oder ähnlich:

*Die Kreise haben ... die überörtlichen Aufgaben zur Sicherstellung des abwehrenden Brandschutzes und der Technischen Hilfe wahrzunehmen, ... eine Feuerwehrtechnische Zentrale zur Unterbringung von Fahrzeugen und Gerätschaften, Pflege und Prüfung von Geräten und Material zu unterhalten, ... . Die Kreise haben die Gemeinden bei der Ausstattung ihrer Feuerwehren zu unterstützen und sie in allen Angelegenheiten des Feuerwehrwesens zu beraten ... und Alarmpläne für den überörtlichen Einsatz und die gemeindeübergreifende Hilfe aufzustellen. ... Benachbarte Kreise und kreisfreie Städte können mit Zustimmung des Ministeriums für Inneres in allen genannten Aufgabenbereichen gemeinsame Einrichtungen betreiben.*

*Das Land fördert das Feuerwehrwesen. Seine Aufgaben sind im Besonderen, die Gemeinden und Kreise auf dem Gebiet des Feuerwehrwesens zu unterstützen und zu beraten, eine Landesfeuerwehrschule zu unterhalten, den Gemeinden und Kreisen für den abwehrenden Brandschutz und die Technische Hilfe Zuwendungen zu gewähren und die Brandschutzforschung und -normung zu unterstützen.*

Somit ist Schaummittellogistik ein Gebiet, das überregional, z.B. in Form einer Landesinitiative und -beschaffung, optimal gelöst werden könnte. Nur auf diese Weise kann sichergestellt werden, dass überregional einheitliche Schaumtechnik zur Verfügung steht und dass nur zugelassene und kompatible Schaummittel bereitgestellt werden. Es wird also nicht nur das Problem der **Quantität,** sondern auch der **Qualität** – sprich des Schaummitteltyps und seiner Zulassung – gelöst. Diverse Einsätze in verschiedenen Bundesländern haben mehrfach gezeigt, zu welchen einsatztaktischen und rechtlichen Komplikationen der Kommunalindividualismus führen kann. Im Folgenden wird hypothetisch eine Landesplanung am Beispiel Schleswig-Holsteins dargestellt [zur Methodik vgl. auch 38]. Das Bundesland Schleswig-Holstein hat mit etwa 2,86 Millionen Einwohnern (davon etwa 400.000 in kreisfreien Städten) auf einer Fläche von rund 15.800 km² eine West-Ost-Ausdehnung von ca. 160 km (Sankt Peter Ording – Großenbrode) und eine Nord-Süd-Ausdehnung von ca. 145 km (Holnis – Wedel). Es grenzt im Norden an Dänemark, im Süden an das Land Niedersachsen (Grenzverlauf Elbe) und den Stadtstaat Hamburg und im Südosten an das Land Mecklenburg-Vorpommern. Schleswig-Holstein besteht aus elf Kreisen, vier kreisfreien Städten, 85 Ämtern und 1.110 Gemeinden, von letzteren haben 901 Gemeinden weniger als 2.000 Einwohner. Bis auf drei Lokalmatadore (Lübeck, Neumünster, Norderstedt) wird das Land von vier Leitstellen aus kreisübergreifend angefahren. Der von Brunsbüttel nach Kiel verlaufende Nord-Ostsee-Kanal (NOK) teilt das Land und kann über acht Brücken und einen Tunnel mit Kraftfahrzeugen gequert werden. Schleswig-Holstein hat kein Gitter aus Autobahnen. Vier Autobahnen verlaufen durch Hamburg und dann strahlenförmig durch Schleswig-Holstein (A23 nach Nordwesten bis Heide, A7 nach Norden, A1 nach Lübeck, A24 nach Berlin), sie sind über Strecken der A20, A21, A210 und A215 südlich des NOK teilweise querverbunden.

Die 13 Stück (Stand 2013 [39]) Tanklöschfahrzeuge TLF 24/50 nach Norm mit jeweils 500 L, insgesamt 6.500 L Schaummittel, können nur wenig zu Schaumoffensiven beitragen: Der Betrieb eines Zumischers Z8 bei 3 % Zumischung erfordert 24 L/min Schaummittel für 500/24 min = 21 min. Werferbetrieb allein mit Zumischung bei 1.600 L/min leert den Schaummittelvorrat innerhalb von 10 min.

Obwohl die Fahrzeugmotoren und die Pumpen es leisten könnten, kann selbst Wasser allein nur bis ca. 3.000 L/min gefördert werden, da die minimalistische Pumpenkonfiguration der FP 24/8 (bzw. heute der FP 3000 und FP 4000) mit ihrem einen nominell 110 mm und real 100 mm weiten Pumpeneingang mehr nicht zulässt. Pumpeneingänge der Größe 125 und 150 sind hierzu erforderlich und nach Norm auch möglich. Nicht umsonst hatten die LF 25 ab 1937 zwei A-Eingänge [91].

Im Jahr 2014 ersetzte beispielsweise die Berufsfeuerwehr Lübeck ihr TLF 24/50 aus dem Jahr 1989 durch ein TLF 4000 (TLF 40/47-5) auf Mercedes-Benz Actros 1832 AK (235 kW, zgM 17.600 kg), aufgebaut durch BAI Deutschland GmbH in Modulbauweise. Als Pumpe wurde eine Godiva Prima P1 (FPN 10-4000; 4.000 L/min bei 10 bar) mit Saugeingang Größe F (150 mm) verwendet. Dementsprechend umfasst die Beladung u. a. sechs Saugschläuche F (auf dem Aufbaudach) mit Saugkorb F, einen Verteiler bzw. Sammelstück 5B-F, ein Sammelstück 2A-F und diverse Übergangsstücke. Fest eingebaut sind die Schaumzumischanlage FireDos FD2.500, max. Volumenstrom 2.500 L/min und ein Dachmonitor POK, Modell AZIMUTOR 3000, 3.000 L/min bei 7 bar. Die Pumpe kann entweder über vier B-Eingänge am Heck (zwei am Pumpenstand, zwei unter dem Aufbau) oder über o.g. Armaturen, ggf. unter Verwendung eines Vorlegeschlauches F, wasserversorgt werden. Löschwasser- bzw. Schaummittelbehälter aus GFK fassen 4.700 L bzw. 500 L, auch solch ein effektiv gestaltetes Fahrzeug braucht also die schnelle Zuführung von Schaummittel in großen Mengen.

**Abbildung 22a und b:** TLF 4000 (TLF 40/47-5) der Feuerwehr Lübeck

Eigentlich stünde die technische Ausführung einer „Landesinitiative Schaum“ am Ende eines Planungsprozesses. Hier wird sie jedoch anhand einer technisch bewährten und sowohl standardisierten als auch flexibel verwendbaren Lösung mit der Bezeichnung „Operational Support Unit“ (OSU, *siehe auch* [40]) durchgeführt. Deutsche Feuerwehren neigen bei der Fahrzeuggestaltung schnell zum „Over-Engineering“, hier wird bewusst auf einfache und handelsübliche Technik zugegriffen. Das Fahrzeug führt einen angehängten Mitnahmestapler mit und kann somit autark am Einsatzort agieren. Der Aufbau kann von allen Fachfirmen, die Erfahrungen mit Nutzfahrzeugen haben, erstellt werden, somit kann auf Hersteller aus der Region zugegriffen werden (*siehe Abbildung 24*). Die Feuerwehr London (LFB) ist in der Ausführung der aktuellen Generation ihrer „Bulk Foam Units“ noch minimalistischer und transportiert die IBC auf offener Pritsche (*Abbildung 23*), dies sollte bei Fahrzeugen, die 90 % ihrer Nutzungsdauer in beheizten Hallen stehen, kein Problem darstellen. Gleichzeitig sind alle LF der BF London auf die Annahme (z.B. vom Hytrans-System) und Abgabe großer Mengen von Wasser (4.000 L/min) und Schaum(mittel) ausgelegt (*siehe Abbildung 25*) [41].

Eine OSU kann mindestens 8 m$^3$ Schaummittel in IBC-Behältern, entsprechende Zumischtechnik (als Ergänzung der Normausstattung der Feuerwehren) und einen Mitnahmestapler (Eigenmasse ca. 2 t) mitführen. Bei einem WLF in dieser Größenordnung wären etwa 3 t für die Hakenanlage und etwa 800 kg für den Rahmen des Abrollbehälters anzusetzen, was einem Nutzlastverlust von fast 30 % entspricht und zu einer relativen Schwerpunktverlagerung nach oben führt. Die OSU sind zwar nicht so schnell umzuladen wie ein AB abgesetzt werden kann, stünden aber grundsätzlich auch bei anderen Szenarien zur Verfügung, z.B. zum Transport von Sandsäcken, verpackter haltbarer Lebensmittel usw. Hinsichtlich der Beladung wäre auch ein Mix aus 20-, 60-, 200- und 1.000-Liter-Gebinden denkbar. Von einer zweckgebundenen Kilometerleistung von 500 bis 1.500 kann ausgegangen werden. Eine Doppelnutzung als Fahrschul- oder Fahrerfortbildungsfahrzeug sollte somit möglich sein. Sofern an den geplanten Standorten bereits kompatible Wechselladertechnik und -kapazität vorhanden ist, so könnte ein Teil der OSU auch als Abrollbehälter realisiert werden.

**Abbildung 23:**
„Bulk Foam Unit“ der Feuerwehr London mit zehn IBC und Leichtschaumerzeuger

**Abbildung 24:** „Operational Support Unit“ (OSU) hier mit Beladung in nur einer Ebene

**Abbildung 25:** Standard-LF der Feuerwehr London mit (1) Tankeinspeisung Storz A, (2) Bedienelement für den Pumpenvormischer, (3) Pumpeneingang, (4) Schaumeingang für den Zumischer und (5) Einspeisung Schaummitteltank (beide Storz C) [41]

Ziel der räumlich-zeitlichen Planung ist es, dass die erste OSU nach einer Anfahrtzeit von 30 Minuten, zwei weitere OSU nach 60 Minuten und noch zwei weitere OSU nach 90 Minuten an der Einsatzstelle eintreffen sollen. Als Anfahrtwege muss bei dieser Fahrzeugklasse weitgehend auf Bundesstraßen und Autobahnen zugegriffen werden. Auf Grundlage von Datenpools von Realbefahrungen unter Sonderrechten werden pro Standort bzw. Fahrzeug 25-km-Radien zu Grunde gelegt. In Abbildung 26 sind zudem vier Bundeswehrstandorte (Schleswig/Eggebeck, Kiel, Putlos und Neustadt i.H.) [113] und zwei Werkfeuerwehrstandorte (Brunsbüttel, Heide) dargestellt, deren mögliche Einbindung in einen Schaummittelverbund zu überprüfen wäre. Unter Anrechnung dieser Standorte und der im Süden von der Feuerwehr Hamburg vorgehaltenen Schaummittel ergibt sich in erster Näherung ein Bedarf von acht OSU mit insgesamt 64 $m^3$ Schaummittel.

Für eine möglichst gleichmäßige Abdeckung der Fläche wurden folgende Kriterien für die Auswahl der OSU-Standorte angewandt:

**Möglichst zentrale Lage:** Dadurch fallen grundsätzlich alle Küstenorte und Hafenstädte aus der Betrachtung heraus. Eine Ausnahme in diesem Grobentwurf wurde bei Flensburg aufgrund der vorhandenen Berufsfeuerwehr gemacht. Es wäre aber auch ein anderer Standort einer FF entlang der A7 zwischen Flensburg und Schleswig möglich, da zur Besetzung der OSU nur zwei Feuerwehrangehörige erforderlich sind.

**Schnelle Zufahrt auf Bundesstraßen und -autobahnen:** Aus diesem und dem vorgenannten Kriterium wurde z.B. im Nordwesten der Standort Leck einem möglichen Standort Niebüll vorgezogen. Rendsburg kann gleich gut in den Norden und Süden einfahren, hier hat der NOK kaum trennende Wirkung.

**Vorhandene Feuerwehrinfrastruktur:** Für die Grobplanung wurden die Standorte so gewählt, dass auf eine größere Feuerwehr oder eine Feuerwehrtechnische Zentrale zugegriffen werden kann. Da für die OSU nur zwei FA mit C-Fahrerlaubnis und Staplerschein benötigt würden, könnten diese Einheiten allerdings auch bei kleineren FF stationiert werden, wenn die Tagesalarmsicherheit gewährleistet ist.

**Ausbildung und Reserve:** Entweder es wird ein neuntes Fahrzeug (z.B. mit reduzierter Schaummenge) ausschließlich für den Ausbildungsbetrieb und als Reservefahrzeug an der LFS in Harrislee vorgesehen oder das für Flensburg eingeplante Fahrzeug wird z.B. von der LFS und der FF Harrislee kooperativ für Ausbildung und Einsatz genutzt.

**Die Nordseeinseln wären gesondert zu betrachten.**

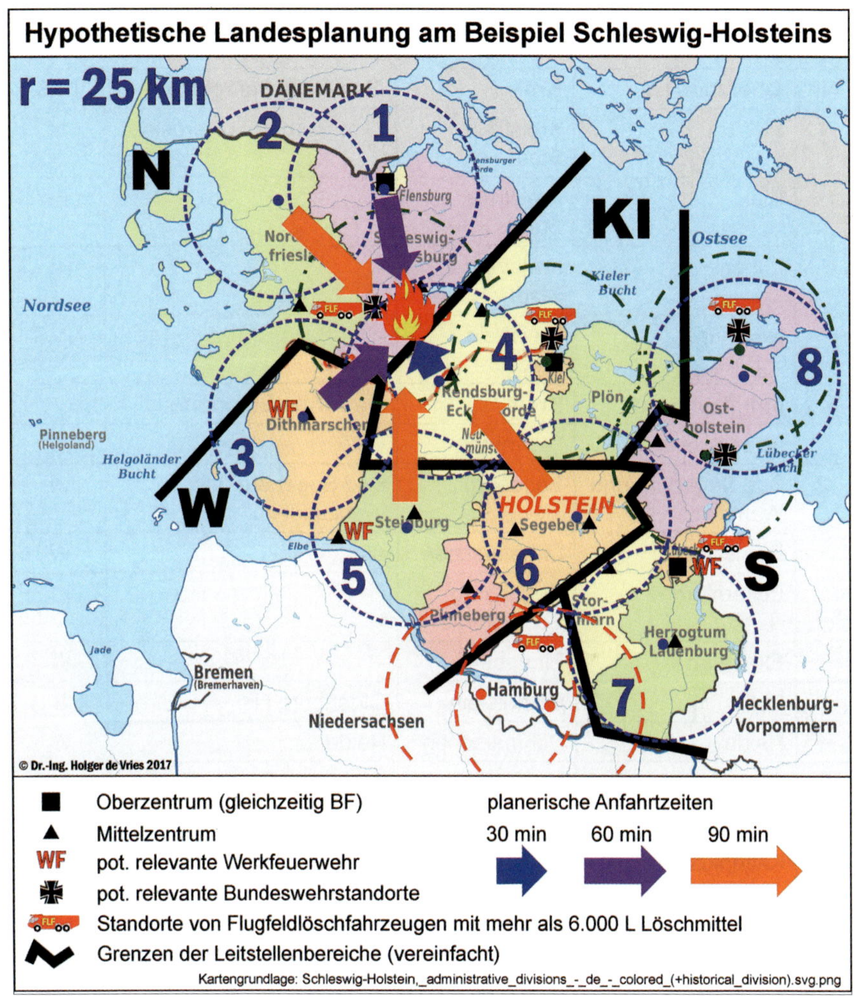


**Abbildung 26:** Hypothetische Landesplanung am Beispiel Schleswig-Holsteins

**Tabelle 1:** Vorgeschlagene Dislozierung der Schaumlogistik-Fahrzeuge (fiktives Beispiel)

| Nr. | Oberzentren | Kreis | Gewählte Standorte | LSB |
|---|---|---|---|---|
| 1 | Flensburg | Kreisfreie Stadt | Flensburg oder Harrislee | N |
| | Kiel | Kreisfreie Stadt | - | KI |
| | Lübeck | Kreisfreie Stadt | - | HL |
| | Neumünster | Kreisfreie Stadt | - | NMS |
| | **Mittelzentren** | **Kreis** | **Gewählte Standorte** | |
| | Bad Oldesloe | Stormarn | - | S |
| 2 | Bad Segeberg und Wahlstedt | Segeberg | Bad Segeberg oder Wahlstedt | W |
| | Brunsbüttel | Dithmarschen | - | W |
| | Eckernförde | Rendsburg-Eckernförde | - | KI |
| | Elmshorn | Pinneberg | - | W |
| 3 | Eutin | Ostholstein | Oldenburg i.H. | S |
| 4 | Heide | Dithmarschen | Heide | W |
| 5 | Husum | Nordfriesland | Leck | N |
| 6 | Itzehoe | Steinburg | Itzehoe | W |
| | Kaltenkirchen | Segeberg | - | W |
| 7 | Mölln | Herzogtum Lauenburg | Mölln | S |
| 8 | Rendsburg | Rendsburg-Eckernförde | Rendsburg | KI |
| | Schleswig | Schleswig-Flensburg | | N |

Gemäß Tabelle 1 stimmen fünf der OSU-Standorte mit ausgewiesenen Ober- oder Mittelzentren überein. Denkbar wäre es auch, die Aufgabe der Schaummittellogistik – kommunal oder überörtlich – in Kombination mit den vorhandenen Gefahrgutzügen der Kreise und/oder neu zu definierenden „SEG Schaum“ zuzuweisen. Abbildung 27 zeigt beispielhaft eine solche „SEG Schaum“, bestehend aus OSU, GW-L2, GW-G und MZF/ELW. Nicht nur, dass ein Teil der Standardbeladung eines GW-G zur Schaummittelförderung an einer Einsatzstelle verwendet werden kann (*siehe Kap. 6.2.2 ff.*), diese SEG würde sinnvollerweise auch Geräte zur mobilen Löschwasserrückhaltung durch die Feuerwehr mitführen [42].

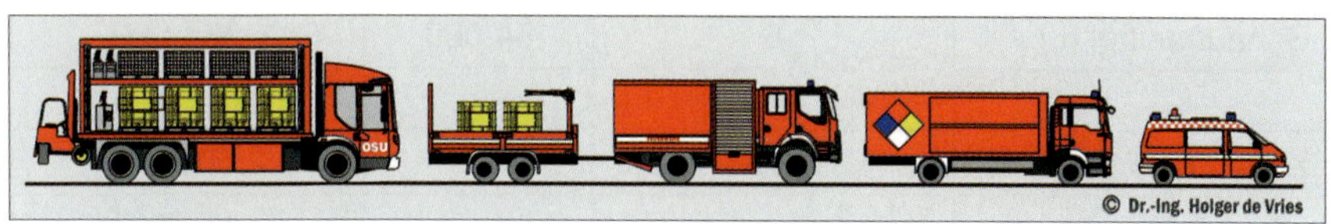


**Abbildung 27:** SEG-Schaum aus OSU, GW-L2, GW-G und MZF/ELW

Die Beschaffungskosten für die rollende Technik von acht OSU und ggf. zusätzlicher mobiler Schaumtechnik (Zumischer, Werfer) im Wert von EUR 10.000 pro OSU würden ca. 1,5 Mio. EUR betragen. Reine Baukörperkosten für Stellplätze (wenn an den Standorten erforderlich) werden mit EUR 600.000 angesetzt, die Kosten für 64 m³ Schaummittel mit EUR 384.000, wobei letztere durch Gebührenabrechnung nach Verbrauch refinanziert werden können. Die Gesamtkosten beliefen sich auf ca. EUR 3 Mio. (*siehe Tabelle 2*). Bei einem Gesamtvolumen des Landeshaushalts 2015 von EUR 11,343 Milliarden [43] entspräche dies 0,026 % bzw. 0,26 ‰. Bei den Fahrzeugen wird von einer Nutzungsdauer von 20 Jahren ausgegangen, was einer fiktiven Abschreibung von EUR 76.000 pro Jahr entspricht. Bei rund 60.000 Feuerwehrangehörigen in Schleswig-Holstein [44] wäre eine Finanzierung alleine durch Mengenrabatte bei zentraler Beschaffung von Schutzkleidung möglich, wenn nicht jede Gemeinde diese dezentral beschaffen würde bzw. müsste [vgl. 45; 46].

**Tabelle 2:** Musterkalkulation (fiktives Beispiel), Stand 2017

| | Stückkosten [EUR] | Menge | Teilsumme [EUR] |
|---|---|---|---|
| Fahrgestell | 90.000 | 8 | 720.000 |
| Aufbau, Funk usw. | 60.000 | 8 | 480.000 |
| Mitnahmestapler | 30.000 | 8 | 240.000 |
| sonstiges Gerät | 10.000 | 8 | 80.000 |
| rollende Technik | Zwischensumme | | 1.520.000 |
| | | | |
| Stellplatz 12 m | 75.000 | 8 | 600.000 |
| Schaummittel [L] | 6 | 64.000 | 384.000 |
| | | | |
| Zwischensumme | | | 2.504.000 |
| USt. 19 % | | | 475.760 |
| Gesamtsumme | | | 2.979.760 |

# 3 Schaum- und Schaummitteleinsatz

## 3.1 Schaummitteltypen

Folgende Schaumtypen werden heute unterschieden:

1. Proteinschäume PS
2. Fluorproteinschäume FPS
3. Filmbildende Fluorproteinschäume FFFP oder 3FP
4. Filmbildende Schäume AFFF oder A3F
5. Mehrbereich-Schäume MBS
6. Class-A-Foam-Schäume CAFSM

Die Alkoholbeständigkeit eines Schaummittels wird durch Anhängen der Buchstaben-Kombination „ATC“ für „alcohol type concentrate“ oder „AR“ für „alcohol resistant“ an das Schaumkurzzeichen kenntlich gemacht. In Deutschland wird außerdem geprüft, ob ein Schaummittel mit Seewasser Schaum erzeugen kann. Dies wird nicht besonders gekennzeichnet, da es Teil des üblichen Zulassungsverfahrens ist. Abbildung 28 zeigt die Einteilung von Schäumen nach Typen und Brandklassen. Die Löschfähigkeit von Schäumen, die in Deutschland zugelassen sind, wird nach DIN 14272 oder DIN EN 1568 nur gegen Flüssigkeitsbrände geprüft. Diese Schaummittel erhalten dann ohne weitere Prüfung auch eine Zulassung für Feststoffbrände, also für die Brandklasse A.

In Abbildung 28 sind die drei fluorhaltigen Schaummittel (Fluorprotein-SM, filmbildende Fluorprotein-SM und AFFF) als solche gekennzeichnet. Dies liegt in dem Verbot des Inverkehrbringens PFOS-haltiger Löschschäume, die nach 27.12.2006 hergestellt wurden (EU-Richtlinie 2006/122/EG i.V.m. GefStoffV vom Juni 2008) sowie dem Verbot der Verwendung PFOS-haltiger Löschschäume vom 27.06.2011 begründet. Aufgrund der möglichen ökologischen und umwelt-, zivil- und strafrechtlichen Konsequenzen der Verwendung fluorhaltiger Schaummittel – egal in welcher chemischen Struktur – und aufgrund der Tatsache, dass die chemische Analytik stetig verfeinert und die Nachweisgrenzen geringer werden, sowie wegen des (politischen) Risikos, dass die Verwendung von zu einem bestimmten Zeitpunkt noch zulässigen fluorhaltigen Verbindungen kurzfristig verboten werden kann, und wegen des grundsätzlichen Vermeidungs- bzw. Minimierungsgebots bei umweltgefährdenden Stoffen sollte auf diese, wenn irgend möglich, gänzlich verzichtet werden, so dass damit die filigrane und für den Nicht-Chemiker kaum nachvollziehbare PFOS/PFOA-Diskussion überflüssig wird. Fluorfreie Schaummittel mit Eigenschaften, die den Anforderungen von z.B. Flughafenfeuerwehren genügen, sind mittlerweile handelsüblich.

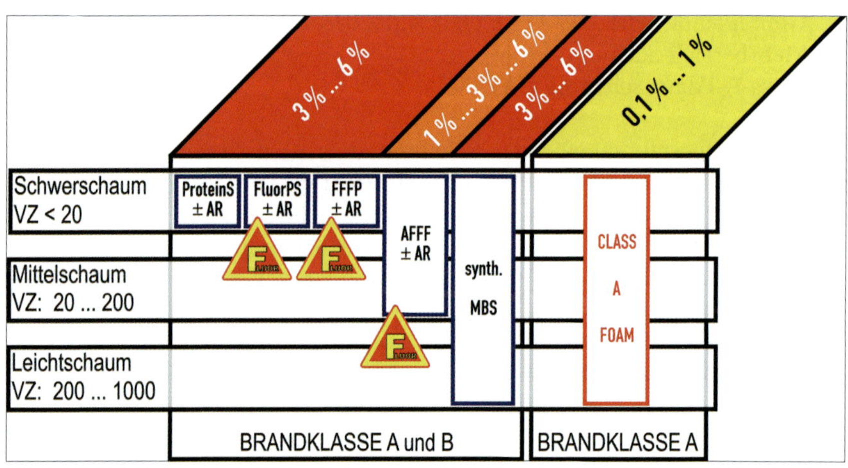


**Abbildung 28:** Einteilung mechanisch erzeugter Schäume nach Typ, Verschäumungszahl und Brandklasse

## 3.2 Normung und Schaummittelkennzahlen

Für die Bewertung von Schäumen werden verschiedene Kennzahlen verwendet, die teilweise genormt sind. Schaummittel waren in Deutschland bis zum Jahre 2001 nach DIN 14272 genormt, danach durch die Normen DIN EN 1568 Teil 1 bis 4 [47; 48]. Es gibt weitere internationale Schaumnormen nach ISO [49; 50; 51] sowie „Hausnormen" der unterschiedlichen Streitkräfte (z.B. MilSpec, DefStd), die besondere Schaum(mittel)eigenschaften oder

Prüfverfahren fordern. Kenntnisse über die Bedeutung dieser Kennzahlen sind bei der Beschaffung von Schaummitteln erforderlich. Es handelt sich im Wesentlichen um:

- Verschäumungszahl (VZ) und Schaumdichte
- Wasserhalbzeit (WHZ) und Wasserviertelzeit (WVZ)
- Löschleistung sowie Abbrand- und Durchbruchwiderstand des Schaumes
- Stockpunkt und Viskosität des Schaummittels
- Fließfähigkeit des Schaumes
- Haftfähigkeit des Schaumes

An der Einsatzstelle muss der Einsatzleiter mit dem auskommen, was ihm zur Verfügung steht. Seine einzigen Optionen sind die Wahl des Schaummitteltyps (sofern ihm mehrere zur Verfügung stehen) und die Verschäumungszahl, die er durch die Auswahl der Löschmittelauswurfvorrichung (LAV) festlegt.

## 3.3 Auswahl des Schaummittels – Grundsatz der Verhältnismäßigkeit

Die Aufgaben der Feuerwehr ergeben sich aus ihrem historischen Selbstverständnis der bürgerinitiativen Gefahrenabwehr und ihrem gesetzlichen Auftrag. Um zum Einsatzerfolg zu kommen, sind eine klare Vorstellung von den zu erreichenden Zielen gemäß Auftrag und die sichere Beherrschung von Führungsinstrumenten zu deren Umsetzung erforderlich. Um unter dem Eindruck des zunächst oft chaotischen und sehr dynamischen Einsatzgeschehens sicher und zügig zu führen, ist die Beherrschung eines systematischen Denk- und Handlungsablaufes unerlässlich. Die folgenden Ausführungen basieren auf dem bewährten Modell des Führungsvorgangs als Kreisschema.

Auch die Entscheidung zur Verwendung eines Löschmittels und insbesondere die Auswahl zur Verwendung eines bestimmten Schaummitteltyps müssen das Ergebnis einer Erkundung und Lagebeurteilung sein. Es kann davon ausgegangen werden, dass das Tätigwerden der Feuerwehr fast immer eine Außenwirkung auf die Rechte Dritter hat (Betreten von Grundstücken, Einbringen von Löschmittel in eine Einsatzstelle, gewaltsames Öffnen von Türen,

Fenstern, Wänden und Dächern, Abfluss von Löschwasser in die Kanalisation oder auf benachbarte Grundstücke usw.).

Daher ist zur Erreichung eines Einsatzzwecks von mehreren möglichen und geeigneten Maßnahmen diejenige zu treffen, die den Einzelnen und die Allgemeinheit am wenigsten beeinträchtigt. Eine Maßnahme darf nicht durchgeführt werden, wenn der durch sie zu erwartende Schaden erkennbar außer Verhältnis zu dem beabsichtigten Erfolg steht. Die Maßnahme darf nur so lange und so weit durchgeführt werden, wie ihr Zweck es erfordert [52]. Dazu gibt es im Wesentlichen vier Prüfkriterien: legitimer Zweck, Geeignetheit, Erforderlichkeit und Angemessenheit.

### Legitimer Zweck

Der Zweck der Maßnahme setzt den Maßstab und Bezugspunkt für die Frage, ob die Maßnahme zur Erreichung gerade dieses Zwecks geeignet, erforderlich und angemessen ist. Der Zweck der Maßnahme muss also innerhalb des gesetzlichen Rahmens liegen, der in den Feuerwehrgesetzen der Länder beschrieben wird, d.h. z.B. in der Gefahrenabwehr in Form einer Brandbekämpfung.

### Geeignetheit

Geeignet ist eine Maßnahme nur dann, wenn sie der Erreichung des Zwecks dient oder diese zumindest fördert. Dabei ist aus den zur Verfügung stehenden Maßnahmen diejenige zu wählen, die entsprechend wirksam ist.

### Erforderlichkeit

Die Maßnahme ist erforderlich, wenn kein milderes Mittel gleicher Eignung zur Verfügung steht, genauer: wenn kein anderes Mittel verfügbar ist, das in gleicher (oder sogar besserer) Weise geeignet ist, den Zweck zu erreichen, aber den Betroffenen und die Allgemeinheit weniger belastet. Oft stehen mehrere alternative Vorgehensweisen und/oder Einsatzmittel zur Auswahl, von denen vielleicht nur eins, vielleicht aber auch mehrere erforderlich sind.

## Angemessenheit

Verhältnismäßig ist eine Maßnahme nur dann, wenn die negativen Auswirkungen, die mit der Maßnahme verbunden sind, nicht völlig außer Verhältnis zu den Vorteilen stehen, die sie bewirkt. An dieser Stelle ist eine Abwägung sämtlicher Vor- und Nachteile der möglichen Maßnahmen vorzunehmen.

**Beispiel 1:**

Es brennt eine Lagerhalle, in der sich keine brennbaren Flüssigkeiten befinden, hinter der ein Bach fließt und sich ein Trinkwasserschutzgebiet anschließt. Zur Verfügung stehen fluorfreies und fluorhaltiges Schaummittel. Um einen nachhaltigen Löscherfolg zu erzielen, sind prinzipiell beide Schaummittel **geeignet**. Die Verwendung fluorhaltigen Schaummittels ist aber **nicht erforderlich**. Die Wahl fällt also auf das fluorfreie Schaummittel. Um den Netzeffekt dieses Schaummittels zu nutzen, ist es aber **nicht erforderlich**, die für Flüssigkeitsbrände notwendige Zumischung von 3 oder 6 % anzusetzen, es reicht eine Zumischung von zwischen 0,1 bis 1 %, wodurch nicht nur die Nutzungsdauer des Schaummittelvorrates erheblich verlängert wird, sondern gleichzeitig dem **Minimierungsgebot** des Eintrags von umweltfremden Gefahrstoffen und dem **wirtschaftlichen Handeln** Genüge getan wird. Gleichzeitig sind Maßnahmen zur Löschwasserrückhaltung einzuleiten. Hat die Brandintensität ihren Zenit überschritten, so wird die Schaummittelzumischung beizeiten **zeitweise oder ganz unterbrochen**, da sich bereits eine größere Menge Schaummittel in der Brandstelle befindet und sich erfahrungsgemäß in den Schlauchleitungen noch so viel Schaummittel befindet, dass dieses noch über einen längeren Zeitraum ausgewaschen wird und somit löschwirksam ist.

**Beispiel 2:**

Ein mit Kraftstoff beladener Sattelzug verunfallt ungebremst in einer belebten Innenstadt, streift Wohn- und Geschäftshäuser, kippt um, ergießt seine Ladung auf die Straße, in die Kanalisation und in die angrenzenden Häuser und fängt Feuer. Es kommt zu Explosionen. Mehrere Personen im Freien und in den Häusern sind schwer verletzt, teilweise sind Bewohner in den betroffenen Häusern eingeschlossen. Aufgrund der Vielzahl der Notrufe wird überörtlich alarmiert. Verschiedene Feuerwehren mit unterschiedlichen Schaummitteln und unterschiedlicher Zumischtechnik rücken an, diese Einsatzmittel sind grundsätzlich alle **geeignet**. Aufgrund der Größe der Schadenlage können die Einheiten, die aus unterschiedlichen Richtungen anrücken, in der Anfangsphase keine räumlich umfassende Erkundung durchführen und sind auf bruchstückhafte Informationen von Unfallzeugen angewiesen: Es handelt sich um brennende Kraftstoffe und Menschenleben ist in Gefahr. Ein sofortiges Handeln mit den zur Verfügung stehenden Einsatzmitteln ist **erforderlich und angemessen** (vgl. z.B. [53]).

Zur weiteren Vertiefung des Themas siehe [54; 55]. Die Anwendung des Grundsatzes der Verhältnismäßigkeit ist wesentlicher Bestandteil der „Beurteilung" im Rahmen des Führungsschrittes „Planung", da die Beurteilung nicht nur die Beurteilung der festgestellten Lage, sondern auch die Beurteilung der möglichen oder beabsichtigten Maßnahmen einschließt. Insbesondere sind alle Gefahren und Abwehrmaßnahmen auf ihre Umweltauswirkungen zu prüfen. Hierzu sind ggf. entsprechende Fachleute (Wasserwerke, Stadtentwässerung, Umweltamt) heranzuziehen.

*„Der Führungsvorgang ist ein zielgerichteter, immer wiederkehrender und in sich geschlossener Denk- und Handlungsablauf. Dabei werden Entscheidungen vorbereitet und umgesetzt. Der Führungsvorgang ist nicht auf die Tätigkeit der Einsatzleiterin oder des Einsatzleiters beschränkt, sondern ist von den Führungskräften auf allen Führungsebenen sinngemäß anzuwenden."* (FwDV 100)

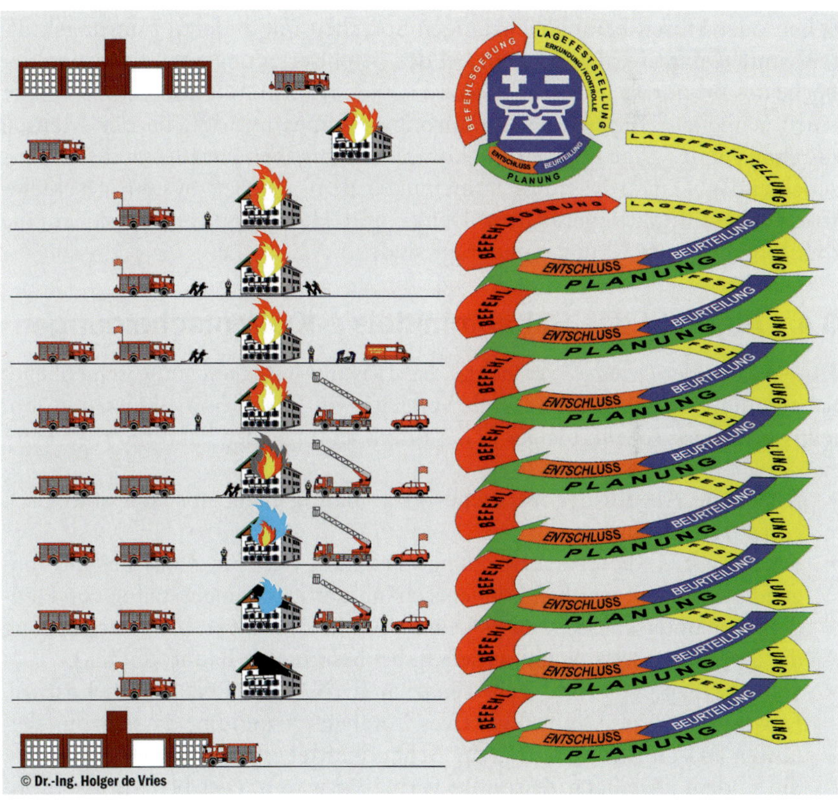


**Abbildung 29:** Der Führungsvorgang wird so lange durchlaufen, bis alle Gefahren beseitigt sind.

Es kann häufig beobachtet werden, dass der Führungsvorgang bereits nach nur einem Durchlauf als beendet angesehen wird und anschließend weitere Entscheidungen unstrukturiert und zufallsbestimmt getroffen werden. Abbildung 29 verdeutlicht, dass der Führungsvorgang immer wieder durchlaufen wird, bis alle durch die Feuerwehr zu beseitigenden Gefahren auch beseitigt sind. In der Praxis lassen sich die einzelnen Schritte nicht immer klar voneinander trennen. Die Erkundung findet bewusst (z. B. durch bewusstes Wahrnehmen oder Befragen von Betroffenen) und unbewusst (z. B. durch Sehen oder Hören beim gleichzeitigen Sprechen mit anderen Führungskräften) statt. Damit wird z. B. auch bei der Befehlserteilung eine Änderung der Farbe des Brandrauchs wahrgenommen, was als Erkundungsergebnis wieder einen schnellen Durchlauf des Führungsvorgangs anstößt, da der Mensch durchaus in der Lage ist, mehrere komplexe Aufgaben parallel zu lösen. Entscheidend aber ist, dass dies immer nach dem gleichen System geschieht. Unter Stress funktionieren nur Denk- und Handlungsabläufe sicher, die durch permanente Übung eingeprägt sind.

## 3.4 Auswahl des Schaummittels – Kaufentscheidungen

Es wird immer wieder versucht, die Leistungsfähigkeit unterschiedlicher Schaummittel und Schäume durch Vergleich von Versuchsergebnissen zu objektivieren. Dies scheitert leider in der Praxis an folgenden Faktoren [vgl. 149]:

- Allein die Anzahl der Versuche reicht häufig nicht aus, um statistisch belastbar zu sein.
- Schaummittel, die „zur Erprobung“ beschafft oder für Zulassungsprüfungen bereitgestellt werden, können sich in ihrer Zusammensetzung von Handelsware unterscheiden, da es keine kontinuierliche externe Überwachung der Zusammensetzung gibt (wie z.B. bei bestimmten Bauprodukten).
- Selbst Zulassungs- und Prüfszenarien (DIN, DIN EN, ICAO, Lastfire, Frostfire etc.) sind kein objektives Vergleichskriterium, da sich die Verfahren an den Eigenschaften der Schaummittel und Schäume orientieren, die zu dem jeweiligen Zeitpunkt verfügbar waren. Dies betrifft insbesondere Vergleiche „historischer“ Messungen mit AFFF. Es gilt auch für alle „Erfahrungen“, die in der Vergangenheit mit einzelnen Schaummitteln und Schäumen gemacht wurden [vgl. 150].

# 4 Toxikologische Bewertung des Einsatzes von Schaum

## 4.1 Trinkwasserhygiene

Bei der Verwendung von Schaummittel zur Brandbekämpfung ist grundsätzlich zu besorgen, dass dieses nicht in das Trinkwasser gelangen kann. Dies ist zum Beispiel möglich, wenn versehentlich an einer unübersichtlichen Einsatzstelle eine B-Leitung von der Druckausgangsseite eines Fahrzeugs mit Zumischanlage an ein Standrohr oder an einen Hydranten angekuppelt wird. Des Weiteren kann es trotz federbelasteter Niederschraubventile an den Standrohren und den Feuerlöschkreiselpumpen unter bestimmten Druckverhältnissen (kurze Hydrantenstrecke, Zumischer nah am Fahrzeug, gleichzeitig lange Schlauchstrecke zu den Rohren, möglicherweise bergauf) zu Ventilschlupf bzw. Druck- und damit ggf. auch Wasserrückschlägen kommen. Zurzeit werden organisatorische Maßnahmen und technische Lösungen erarbeitet, die unabhängig von der Verwendung von Schaummitteln deren Eintrag in das (öffentliche) Rohrleitungsnetz verhindern. Andererseits ist grundsätzlich zu hinterfragen, ob es nicht in den Aufgabenbereich des Wasserversorgers fällt bzw. fallen sollte, sein Netz sicher zu gestalten und mit entsprechenden Vorrichtungen auszustatten, anstatt auf der Grundlage lokaler Einzelfälle bei rund 200.000 Brandeinsätzen pro Jahr [56] die Feuerwehrtechnik zu verkomplizieren – und dies nur in Deutschland und keinem anderen europäischen Land. Der aktuelle Stand kann auf den Internetseiten des DFV eingesehen werden [57].

## 4.2 Schaum(mittel) in abfließendem Löschwasser

Seit dem Brand der Schweizerhalle der Fa. Sandoz 1986 sind die Schäden, die durch von einer Einsatzstelle ablaufendes, kontaminiertes Löschwasser verursacht werden können, in das Blickfeld der Öffentlichkeit gerückt [58; 59]. In der Folgezeit haben Behörden und Versicherer Vorschriften und Regeln zur Löschwasserrückhaltung erlassen [60; 61; 62; 63; 64; 65; 66; 67]. Die aktuelle deutsche Vorschriftenlage wird eingehend von Wieneke beschrieben

[68]. Ein Großteil bestehender Gewerbebetriebe, Speditionen und Wohngebäude werden jedoch zurzeit von den Auflagen zur Löschwasserrückhaltung nicht erfasst. Grundsätzlich muss davon ausgegangen werden, dass von jeder Brandstelle kontaminiertes Löschwasser abfließen kann. Dabei kann es zu verschiedenen Folgen kommen:

- Wasserschaden in (Wohn-)Gebäuden, der zur Kontamination der Bausubstanz und der Einrichtung führt
- Eintrag von Löschwasser in die Umwelt, insbesondere in das Erdreich, in die Vegetation, in Oberflächengewässer und letztlich in das Grundwasser
- Schadstoffeintrag in die Schutzkleidung und auf ungeschützte Körperpartien der Feuerwehrleute sowie Gefahr der Kontaminationsverschleppung

Werden dem Löschwasser Tenside zugesetzt und Netzwasser und/oder Schaum verwendet, so erhöht sich die Schadstofffracht im abfließenden Löschwasser [69; 70; 71; 72; 73; 74; 75]:

- Tenside sind aquatoxische Substanzen.
- Tenside können die Auswaschung von Toxinen aus dem Brandgut erhöhen.

Es gibt zwei unterschiedliche Ansätze, um die toxikologischen Folgen von Netzwasser/Schaum zu quantifizieren [vgl. 76]:

- Untersuchungen über das Gefährdungspotenzial (biologisch-chemische Analytik)
- Untersuchungen über die Wirkung (Bioindikation)

Ein Teil der Beurteilung des Gefährdungspotenzials von Schaummitteln bzw. Schäumen wird in Deutschland bereits im Rahmen der Zulassung von Schaummitteln durch die brand- und abwasserhygienischen Untersuchungen z. B. im Hygieneinstitut des Ruhrgebiets, Gelsenkirchen, abgedeckt. Die Ergebnisse dieser Untersuchungen werden den Herstellern der Schaummittel mitgeteilt und können von diesen angefordert werden. Einige der Angaben sind auch Bestandteil der zu den Schaummitteln gehörenden Sicherheitsdatenblätter.

In der Realität dagegen sind die abfließenden Löschwässer zusätzlich durch Auswaschungen aus dem Brandgut (Ruß und weitere Verbrennungsprodukte) kontaminiert. WIENEKE hat im Rahmen seiner Dissertation 1997 insgesamt 35 reale Löschwasserproben untersucht. Im Rahmen dieser Untersuchungen wurden die in der Abwassertechnik üblichen Einzel- und Summenparameter der Proben bestimmt und dadurch das Gefährdungspotenzial der Löschwässer beschrieben. Durch Fortführung der Probennahme bei Brandversuchen und realen Bränden basierte der Endstand von WIENEKES Daten auf 86 Proben. Die Bestimmungsmethodik und die Bedeutung der Summenparameter sind ausführlich von WIENEKE et al. beschrieben [68; 77; 78]. Die Messdaten aller Löschwasserproben sind in der Dissertation von DE VRIES veröffentlicht [79].

Der Vergleich der absoluten Werte zeigte, dass sie nicht mit den verwendeten Löschmitteln korrelieren. Aufgrund der Werte der ermittelten Summenparameter kann also nicht auf die Verwendung von Wasser oder Schaum bei der betreffenden Probe geschlossen werden. Somit sind die Schadstofffrachten in abfließendem Löschwasser primär von den aus dem Brandgut und nicht aus dem Löschmittel stammenden Stoffen bestimmt.

Die Toxizität des abfließenden Löschwassers wird von den aus dem Brandgut ausgewaschenen Stoffen und – bei sachgerechtem Einsatz – nicht durch die in geringen Zumischungen eingesetzten Schaummittel (sofern diese nicht explizit verbotene Substanzen enthalten) bestimmt.

Anders sieht es bei fluorhaltigen Schaummitteln aus: Die Bundesanstalt für Gewässerkunde fasste den Stand der Erkenntnisse in einer „Stellungnahme zum Abbau und Umweltverhalten von Fluortensiden“ bereits 1999 folgendermaßen zusammen [80]:

„ ... *Die untersuchten Fluortenside entsprechen in ihren toxischen Wirkungen den strukturell vergleichbaren nichtfluorierten Tensiden. In Kläranlagen erfolgt weder auf aeroben noch auf anaerobem Wege ein biologischer Abbau. Eine Elimination durch Adsorption ist auch beim Einsatz spezieller Chemika-*

*lien nur für die anionischen Tenside teilweise möglich. Die Fluortenside zeichnen sich damit durch eine große Persistenz aus und stellen ein erhöhtes Risiko für die Umwelt dar .... "*

In Australien wurde von den 1980er-Jahren bis 2003 3M Lightwater verwendet, von 2003 bis 2010 Ansulite und seit 2010 nutzt Airservices Australia das fluorfreie Solberg RF6 auf 26 Flughäfen (außer auf den zivil und militärisch kombiniert genutzten Flugplätzen Darwin und Townsville). Der Wechsel zu fluorfreiem Schaummittel fiel zeitlich mit der Beschaffung neuer FLF PANTHER 6x6 zusammen, so dass die Neufahrzeuge keine Fluorverschleppung aufweisen können [81].

**Abbildung 30:** FLF PANTHER 6x6 des Airservices Australia [82]

## 4.3 Zur Problematik der Fluorcarbontenside

Perfluorierte Tenside sind sehr beständig gegenüber chemischen, thermischen und Lichteinflüssen (UV-Strahlung) und haben hervorragende schmutz-, farb-, öl- und wasserabweisende Eigenschaften. Im Weiteren relevant sind Perfluoroctansulfonat (PFOS) und die Perfluoroctansäure (PFOA). Vom Perfluoroctansulfonat (PFOS) abgeleitete Verbindungen finden daher zahlreiche Anwendungen in der Oberflächenausrüstung von Verpackungsmaterialien, Teppichen, Textilien, Leder und Möbeln. Oft kommen dabei polymere Verbindungen zum Einsatz. Sie sind chemisch fest an den Untergrund (z.B. an die Teppichfaser) gebunden, um ein „Auswaschen" zu verhindern. Perfluorierte Tenside finden sich auch in Kosmetikartikeln, Farben,

Pflanzenschutzmitteln. PFOS und PFOA werden über den Magen-Darm-Trakt und über die Haut gut aufgenommen. Sie werden im Organismus nicht weiter verstoffwechselt. Die biologische Halbwertszeit dieser Verbindungen im menschlichen Körper beträgt etwa vier bis fünf Jahre. In Tieren, zumindest in einigen untersuchten Tierspezies, ist die Halbwertszeit und damit letztlich auch die Verweildauer deutlich kürzer: Sie beträgt bei der weiblichen Ratte drei bis vier Stunden, bei der männlichen Ratte sechs bis acht Tage und beim Affen einen Monat.

**PFOS:** Mit der Elften Verordnung zur Änderung chemikalienrechtlicher Verordnungen vom 12. Oktober 2007 (BGBl. I, S. 2382 [83] sowie EU-Richtlinie 2006/122/EG i.V.m. GefStoffV 23.12.04) wurde das Inverkehrbringen und Verwenden von Perfluoroctansulfonat (PFOS) sowie von Erzeugnissen, die PFOS enthalten (beispielsweise Teppiche, Textilien, Polster, Leder, Kleidung, Papier und Verpackungen), grundsätzlich verboten. Bis spätestens 30.8.2008 waren die vorhandenen Bestände von PFOS-haltigen Schaummittel zu melden, an wen und wie ist – logischerweise! – nach Bundesland unterschiedlich geregelt. Für die Verwendung von PFOS in Feuerlöschschäumen galt eine Übergangsfrist bis zum Sommer 2011. Als Grenzwert gilt eine Konzentration von 0,005 %.

**PFOA:** Die EU hat auf Initiative des Umweltbundesamts (UBA) mehrere PFC als besonders besorgniserregende Stoffe nach der Chemikalienverordnung REACH identifiziert. Darunter befinden sich PFOA und das Ammoniumsalz APFO. Das UBA hat diese beiden Stoffe gemeinsam mit der norwegischen Umweltbehörde bewertet. Sie erfüllen aufgrund ihrer persistenten, bioakkumulierenden und toxischen (PBT) sowie reproduktionstoxischen Eigenschaften die Kriterien für besonders besorgniserregende Stoffe. Deshalb hat die EU PFOA und APFO im Juni 2013 in die REACH-Kandidatenliste aufgenommen. Um die Einträge in die Umwelt zu minimieren und den Ersatz von PFOA zu beschleunigen, schlugen Deutschland und Norwegen im Oktober 2014 eine EU-weite Beschränkung von Herstellung, Inverkehrbringen, Verwendung und Import von PFOA, ihrer Salze und Vorläuferbindungen nach REACH vor. Im Dezember 2016 stimmten die EU-Mitgliedstaaten der Beschränkung zu [84].

Seit einiger Zeit präsentieren einige Schaummittelhersteller AFFF mit kürzerkettigen Molekülen unter **„C6-Technology"**. Doch auch diese Stoffe sind ähnlich persistent wie die langkettigen PFC. Zudem sind kurzkettige PFC sehr mobil und können somit Grundwasser und Rohwasser verunreinigen. Aufgrund ihres geringen Adsorptionspotenzials können kurzkettige PFC während der Aufbereitung kaum aus dem Wasser entfernt werden. Diese Verbindungen kommen bereits ubiquitär in der Umwelt vor. Darüber hinaus berichten wissenschaftliche Studien über ihre Toxizität und eine Aufnahme in Pflanzen. Das UBA wird mehrere kurzkettige PFC einer Stoffbewertung unterziehen: In 2016 werden zwei Verbindungen mit einer C6-Kette und in 2017 sieben weitere Verbindungen unterschiedlicher Kettenlängen bewertet.

Bereits 1993 schrieb die Fa. Sthamer [85]: *„Für die Bekämpfung kleinerer Brände (je nach Brandgut bis ca. 300 m²) unpolarer (Brandstoffe der Brandklasse B, die nicht mit Wasser mischbar sind, wie Mineralölprodukte, z.B. Diesel, Benzin, E10, Kerosin) und polarer Flüssigkeiten (Brandstoffe der Brandklasse B, die mit Wasser mischbar sind, z.B. Alkohole, Ketone z.B. Methanol, Ethanol, Aceton) ist das fluorfreie Schaumlöschmittel Moussol-FF 3/6 geeignet. Dieses Löschmittel ermöglicht den Verzicht poly- und perfluorierter Chemikalien (PFC) im Bereich kommunaler Feuerwehren unter Berücksichtigung besonderer Gefahrenpotenziale. Die Firma Dr. Sthamer bietet ein breites Spektrum an umweltverträglichen und zu 100 % biologisch abbaubaren Schaumlöschmitteln für Einsätze und Übungen. Richtig eingesetzt dienen die fluorfreien Löschmittel nicht nur der effektiven Brandbekämpfung und dem sicheren Eigenschutz, sondern in erheblichem Maße auch dem Umweltschutz. Nicht zuletzt werden durch den Einsatz effektiver Schaumlöschmittel Brandgasemissionen und die Menge kontaminierten Löschwassers deutlich reduziert. Class-A oder Mehrbereich-Schaumlöschmittel sind bis zu 100 % biologisch abbaubar. PFC werden in diesen Rezepturen nicht verwendet."*

**Hinweis:** Fluortenside – egal wie sie erzeugt werden und mit welcher Molekülarchitektur – gehören weder in den menschlichen oder in tierische Körper noch in den Wasserkreislauf. Abgesehen von rechtlichen Einzelregelungen gilt das grundsätzliche Vermeidungs- bzw. Minimierungsgebot für künstlich erzeugte Chemikalien.

## 4.4 Fluorfrei – am Beispiel Köln Bonn Airport

Der Flughafen Köln/Bonn ist in die ICAO-Kategorie 10 eingestuft und erreicht in der Jahresstatistik innerhalb Deutschlands den 6. Platz mit ca. 10 Mio. im Bereich der Passagierzahlen und mit rund 740.000 Tonnen den dritten Platz im Bereich der Luftfracht. Die Entwicklungen hinsichtlich fluorhaltiger Schaummittel wurden aufmerksam verfolgt. Die Problematik betraf rund 14 $m^3$ Schaummittel auf rollendem Gerät (4 bzw. später 5 FLF, 3 HLF, 2 AB). Bei der Fluoranalytik auf Flughäfen ist außerdem zu beachten, dass als Quelle auch weiterhin Hydrauliköle, die in der Luft- und Raumfahrt verwendet werden, als Quellen in Betracht kommen. Bereits im Juli 2009 wurde eine Marktsichtung durchgeführt, bei der auch andere Löschmittelzusätze als Schaummittel berücksichtigt, aber wegen mangelnder Löschwirksamkeit verworfen wurden. Es folgten intensive Versuche mit dem Schaummittel Solberg RF3. Ab Juni 2011 erfolgte die Umstellung auf Solberg RF3, die intensive Reinigung der Fahrzeuge und Entsorgung der Restbestände an AFFF [86].

Grundvoraussetzung für einen grundlegenden Wechsel war und ist, dass der Löschmittelzusatz bzw. das Schaummittel strikt nach den Regeln der Technik (DIN, DIN EN, UL, FM, OECD, ICAO usw.) zugelassen und geprüft ist. Als Entscheidungsgrundlage sind „irgendwie irgendwo" gemachte und üblicherweise kaum reproduzierbare „Löschversuche", wenn es um Menschenleben und erhebliche Sachwerte sowie die Sicherheit im Luftverkehr im Allgemeinen geht, aus Sicht der Flughafengesellschaft und der Werkfeuerwehr nicht geeignet. Zudem sollte nur ein Löschmittelzusatz beschafft werden, der langfristig wirtschaftlich tragbar ist und der gleichermaßen für Ausbildung, Übung und Einsatz verwendet werden kann. Die von den Herstellern im

Zuge der Marktsichtung der Löschmittelzusätze übermittelten Referenzlisten wurden stichprobenartig überprüft, um sicherzustellen, dass nicht Kleinstlieferungen, die eben nicht zu einer Beschaffung in signifikanten Mengen geführt haben, als „Referenz" gelten.

**Abbildung 31a und b:** FLF PANTHER 8x8 des Flughafens Köln/Bonn – Werferbetrieb und Bodensprühdüsen

Vor dem Wechsel zu einem fluorfreien Schaummittel ist eine intensivste industriell-professionelle Reinigung der fest eingebauten Schaummittelbehälter, der Verrohrung, Ventile und Pumpen erforderlich, ggf. unter Austausch von Komponenten (Gummikompensatoren!) und Dichtungen.

Solberg RF3 ist kein AFFF und hat daher als Konzentrat an sich und bei der Anwendung andere Eigenschaften und Wirkungen – diese müssen erprobt, erfahren und ausgebildet werden: Geeignete Pumpen für das Umfüllen des Schaummittels wurden gesucht und gefunden. Flankierende Versuche zum Ansaugen des Schaummittels und zur Verschäumung mit Z-Zumischern und Schwerschaumrohren bei Temperaturen unterhalb des Gefrierpunkts wurden erfolgreich durchgeführt. Es ist wenig zielführend, wenn Kritiker nicht geeignete Ansaugschläuche verwenden und dann behaupten, das Schaummittel „tauge nichts". Gegenüber AFFF hat Solberg RF3 längere Wasserviertel- und Wasserhalbzeiten, ist somit einerseits besser für Volumenlöschverfahren geeignet und kann andererseits bei der Flächenlöschung damit das Fehlen eines löschwirksamen Filmes kompensieren.

## 4.5 Selbstkontrolle und Testfragen zu Kap. 3 und 4

(Lösungen siehe Seite 100)

1. **Was bedeutet die Abkürzung FFFP?**

___

2. **Was bedeutet die Abkürzung ATC bei Schaummitteln?**

___

3. **Ist oder war die Verwendung von Feuerlöschschäumen mit PFOS zeitlich begrenzt?**

a) Ja, bis 2011
b) Ja, bis 2020
c) Nein, Feuerlöschschäume mit PFOS dürfen zeitlich unbegrenzt verwendet werden.

4. **Ist oder war die Verwendung von Feuerlöschschäumen mit PFOA zeitlich begrenzt?**

a) Ja, bis 2005
b) Ja, bis 2020
c) Zurzeit (Stand 2017) nicht, es sind aber Grenzwerte und/oder Beschränkungen zu erwarten.

# 5 Schaummittelbedarfsrechnung

„Schaummittelbedarf" ist zunächst einmal immer ein „Wasserbedarfsproblem", da – je nach Zumischrate – zwischen 99,9 % und 94 % Wasser umgesetzt werden müssen, um Schaum erzeugen zu können. Bei der Planung müssen also – wie für alle Methoden der Brandbekämpfung – folgende Fragen beantwortet werden:

1. Wieviel Löschmittel wird insgesamt benötigt?
2. Wieviel Löschmittel pro Brandfläche (z.B. in Litern pro Quadratmeter = „Niederschlag") ist erforderlich?
3. Wieviel Löschmittel pro Zeiteinheit und Brandfläche (z.B. in Litern pro Minute und Quadratmeter = Mindestapplikationsrate in L/min x m$^2$) ist erforderlich?
4. Welcher Volumenstrom pro Leitung in Litern pro Minute (L/min) ist erforderlich?
5. Welche Wurfweite kann bei üblichen Drücken zwischen 3 und 10 bar Druck erzielt werden?

Selbstverständlich sind die Faktoren Volumenstrom, Wurfweite und Leitungslänge (Druckverlust) eng miteinander verknüpft.

## 5.1 Löschwasserbedarf und Löschwasserversorgung bei Bränden

Nach der Studie der Wibera (1978) werden über 75 % der Brände in Wohngebäuden mit weniger als 200 Litern Wasser gelöscht, 80 % mit weniger als 600 Litern, 85 % mit weniger als 1.000 Litern und 92 % mit weniger als 3.000 Litern. Der Vergleich des Löschwasserbedarfs mit der mitgebrachten Löschwassermenge ergab, dass nur in 6 % der Brände eine von der Feuerwehr aufzubauende Wasserversorgung benötigt wurde. Dies wurde bestätigt durch die Auswertung der bei Brandeinsätzen angeschlossenen Hydranten: In nur 12 % der Brandeinsätze wurde ein Hydrant und in weiteren 12 % mehr als ein Hydrant in Betrieb genommen – macht zusammen 24 % mit Hydrant(en) [87]. Nach einer britischen Untersuchung aus den frühen

1960er-Jahren werden etwa 90 % aller Brände von den Feuerwehren mit weniger als 4.500 Litern Wasser gelöscht. Neuere Untersuchungen von Jansson (1981) und Särdqvist (2000) bestätigen die Grundaussage der Wibera-Studie [88]. Immerhin kommt die fünftgrößte Feuerwehr der Welt mit Standardfahrzeugen aus, die „nur" 1.365 L Wasser mitführen [41]. „Schaumeinsätze" sind jedoch gerade diejenigen, bei denen zunächst eine Wasserversorgung aufgebaut werden muss, die mehrere 1.000 L/min leisten kann [89; 90]. Dies allein ist in vielen Gebieten Deutschlands schon eine Herausforderung, da die Pumpen und/oder Verrohrung der aktuellen Löschfahrzeuggeneration unterdimensioniert sind [91; 92] und leistungsfähige Wasserfördersysteme nicht flächendeckend zur Verfügung stehen, in Nordrhein-Westfalen wird jetzt Abhilfe geschaffen [93]. Das Mitführen von mehr Löschwasser auf „Normfahrzeugen" und die Beschaffung von GTLF ist nicht zielführend, diese haben zwar eine erhöhte „Erstschlagkapazität", sind ohne entsprechende Wasserversorgung ihrerseits bei einem echten Großbrand aber auch leer [94; 95; 96].

## 5.2 Löschmittelbedarf pro Brandfläche (Applikationsdichte)

Üblich ist die Angabe in Litern pro Quadratmeter (L/m$^2$), wobei bei Versuchsberichten unterschieden werden muss, ob als Fläche die Größe des Brandraumes (z. B. 25 m$^2$) oder der Brandstelle (z.B. ein Sofa oder im Versuch 2 Stapel Paletten: 2 m$^2$) zugrunde gelegt wird. Dabei kann das Löschmittel mit einem oder mehreren Rohren aufgebracht werden. 1 Liter pro Quadratmeter entspricht dabei 1 mm/m$^2$ „Niederschlag", wie aus Wetterberichten bekannt. Der Wert des Löschmittelbedarfs pro Brandfläche bei Bränden ist nach wie vor Untersuchungsgegenstand von Studien in Versuchseinrichtungen und von Feldstudien in der Praxis. Es handelt sich nicht um eine „Naturkonstante", sondern um einen Wert, der letztlich statistisch ermittelt wird und bisher nicht exakt allgemeingültig naturwissenschaftlich berechnet werden kann.

## 5.3 Mindestapplikationsrate

Der Begriff der Mindestapplikationsrate setzt die Applikationsdichte in den Bezug zur Zeit und definiert somit, wieviel Löschmittel pro Zeiteinheit und Brandfläche (z.B. in Litern pro Minute und Quadratmeter = Mindestapplikationsrate in L/min x $m^2$) erforderlich ist.

Die „Mindestapplikationsrate" (MAR) gibt an, wieviel Löschmittel pro Zeiteinheit und Flächen- oder Volumeneinheit, also in Litern pro Minute und Quadrat- oder Kubikmetern, aufgebracht werden muss, um tatsächlich einen Löscherfolg zu erzielen, d.h. die Abbrandrate (den Massenverlust pro Zeiteinheit, meist in kg/sec gemessen) wesentlich zu verringern. Üblich ist die Angabe in Litern pro Quadratmeter und Minute (L/$m^2$ x min).

Der Wert der Mindestapplikationsrate bei Raumbränden und im Freien ist ebenfalls nach wie vor Untersuchungsgegenstand von Studien in Versuchseinrichtungen und von Feldstudien in der Praxis. Auch hier handelt es sich nicht um eine „Naturkonstante", sondern um einen Wert, der letztlich statistisch ermittelt wird und bisher nicht exakt allgemeingültig naturwissenschaftlich berechnet werden kann. Nur „im Westen" werden diese Werte als eine „Neuigkeit" gehandelt, in der DDR waren sie Standard in der Führungskräfteausbildung [97; 98].

Als Ergebnis vieler Labormessungen und Versuche und Feldstudien über den Löschwasserverbrauch von Realbränden wurde die Mindestapplikationsrate (MAR) bzw. die **T**aktische **L**ösch**i**ntensität (TALIS) definiert [99]:

Raumbrände: Volumenstrom [L/min] = 4 x Brandfläche [$m^2$]

Objekte im Vollbrand: Volumenstrom [L/min] = 10 x Brandfläche [$m^2$]

Für die Berechnung der (Mindest-)Applikationsrate bzw. der Schaummenge, die sich z.B. mit der Beladung eines HLF (16/14) erzeugen lässt, gibt es gedruckt und im Internet phantasievolle Wege. So wird z.B. beschrieben, dass mit 80 L MBS, 2.800 L Wasser, einem Z4 und S4 mit VZ 15 innerhalb von 6 bis 7 Minuten auf einer Fläche von 80 $m^2$ Schaum in einer Höhe von 50 cm erzeugt werden könnte [100]. Nach der gleichen Lehrunterlage sollen 1 L/$m^2$ Schaummittel aufgebracht werden, nach RODEWALD 2,5 L/$m^2$ [101]. Fakten: 400 L/min auf 80 $m^2$ entsprechen 5 L/min x $m^2$ und liegen damit am unteren Spektrum der Mindest-Applikationsrate, was aber leider nicht erwähnt wird. Die Annahme einer VZ 15 ist optimistisch, nach DIN EN 16712-3 müssen Schwerschaumrohre lediglich eine VZ größer als 5 erreichen. Mit Schwerschaumrohren ist eine Schaumhöhe von 50 cm nur unter Vernachlässigung der Schwerkraft oder in einem mindestens 50 cm hohen Becken möglich. Auch wird vor der Anwendung von „Apps“ gewarnt, wenn deren Berechnungsgrundlagen nicht bekannt sind.

Für die Bekämpfung zweidimensionaler Brände („spill fires“ und Tankbrände) mit unterschiedlichen Taktiken und/oder Löschmitteln gibt es Applikationsraten, die teilweise in Technischen Regeln hinterlegt sind: Nach NFPA 11 [102] liegt die Mindestapplikationsrate (MAR) bei Bränden der Brandklasse B je nach Löschmittelauswurfsvorrichtung (LAV) und dem brennenden Produkt zwischen 4,1 und 6,5 L Wasser-Schaummittel-Gemisch (W-SM-G) pro $m^2$ brennender Fläche und Minute (L/min x $m^2$) bei Mindestbeschäumungszeiten zwischen 15 und 30 Minuten, je nach Schaummittel. Diese Werte finden sich auch in DIN 14493 wieder. Die US Navy setzt AFFF gegen zweidimensionale Brände mit zwischen 0,1 bis 0,2 GPM/$ft^2$ Wasser-Schaummittel-Gemisch, also 4 bis 8 L/min x $m^2$ an [103]. Verschiedene Hersteller bieten Rechenschieber an, mit denen die erforderliche Menge und der Volumenstrom an Wasser-Schaummittel-Gemisch und Schaummittel in Abhängigkeit von der Brandfläche bestimmt werden können. In dem abgebildeten Beispiel der Fa. Angus sind die Berechnungsgrundlagen 4,1 L/min x $m^2$ für Kohlenwasserstoffe und 10 L/min x $m^2$ für polare Flüssigkeiten. Daraus ergibt sich für ein Strahlrohr mit 400 L/min Volumenstrom eine „Wirkfläche“ von $A = (400 / 10)\ m^2 = 40\ m^2$ bis $A = (400 / 5)\ m^2 = 80\ m^2$. Für den Löscherfolg ist die Verschäumungszahl kein Kriterium.

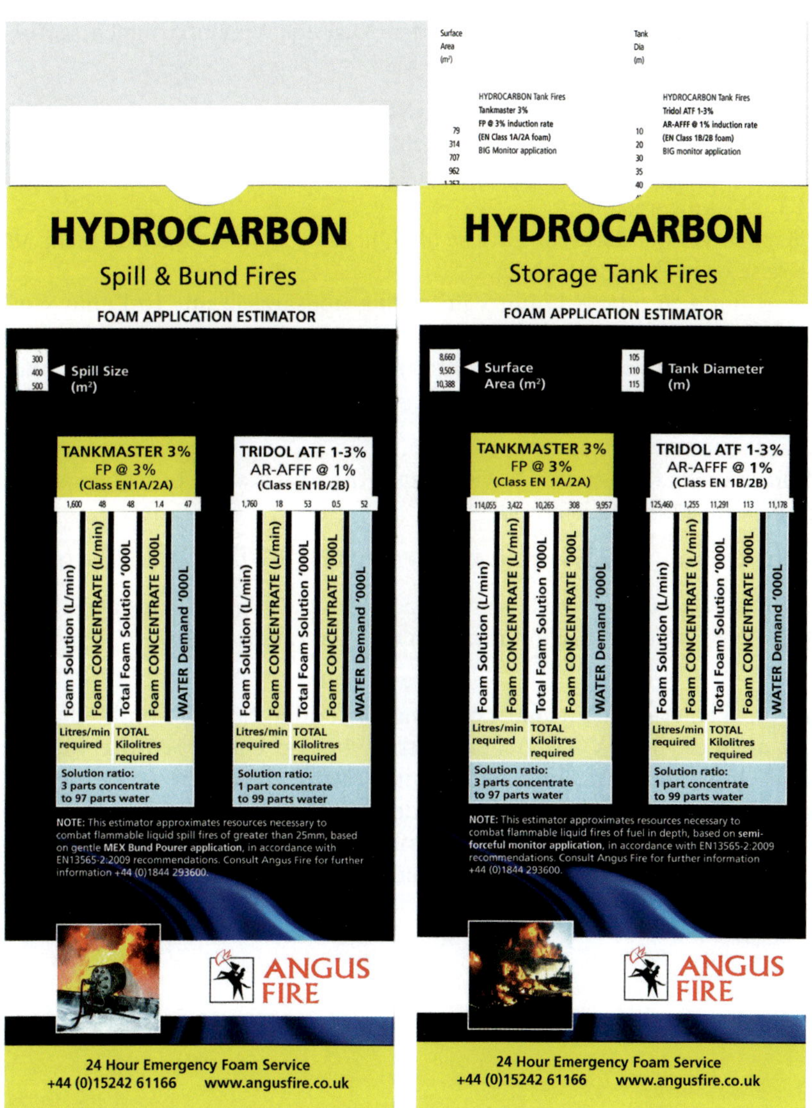


**Abbildung 32:** Rechenschieber für Schaumbedarf der Fa. ANGUS Fire

Für die weiteren Betrachtungen werden folgende Vereinbarungen getroffen:

1. Schaummittel haben eine höhere Dichte als Wasser. Dies muss bei der Beladung von Fahrzeugen berücksichtigt werden. Für die näherungsweise Berechnung des Schaummittelbedarfs wird allerdings im Folgenden mit 1 L ≙ 1 kg gerechnet.
2. Flächen werden näherungsweise als Quadrate oder Rechtecke, nicht als Kreise oder Ovale gerechnet.
3. Statt mit 4, 6 oder 8 L/min x m$^2$ wird grundsätzlich mit 10 L/min x m$^2$ gerechnet.
4. Diese Vereinbarungen berücksichtigen bereits die zu erwartenden Schaumverluste durch Verwehungen usw.

Mindestapplikationsrate (MAR) bzw. die Taktische Löschintensität (TALIS) für Flüssigkeitsbrände:

Volumenstrom bei Flüssigkeitsbränden [L/min] = 10 x Brandfläche [m$^2$]

Der Schaummittelbedarf ergibt sich damit als Produkt aus dem (Gesamt-)Volumenstrom und der Zumischrate.

Einen groben Anhalt für den Löschwasser- und ggf. Schaummittelbedarf geben auch die im DVGW-Arbeitsblatt W 405 (in Überarbeitung) für den Grundschutz von Baugebieten genannten Werte. Möglicherweise werden aus Kostengründen und auf Druck der Wasserversorgungsunternehmen die zur Brandbekämpfung aus der Sammelwasserversorgung vorzuhaltenden Löschwassermengen reduziert und die Hydrantenabstände ggf. vergrößert.

**Tabelle 3:** Richtwerte für den Löschwasserbedarf (m³/h, umgerechnet in L/min, vereinfacht und um Schaummittelbedarf erweitert) unter Berücksichtigung der baulichen Nutzung und der Gefahr der Brandausbreitung [104]

<table>
<tr><th rowspan="2">Bauliche Nutzung nach § 17 der Baunutzungsverordnung</th><th rowspan="2">Kleinsiedlung, Wochenendhausgebiete</th><th colspan="2">reine Wohngebiete, allgemeine Wohngebiete, besondere Wohngebiete, Mischgebiete, Dorfgebiete</th><th colspan="2" rowspan="2">Kerngebiete, Gewerbegebiete</th><th rowspan="2">Industriegebiete</th></tr>
<tr><th>Gewerbegebiete</th><th></th></tr>
<tr><td>Zahl der Vollgeschosse</td><td>≤ 2</td><td>≤ 3</td><td>> 3</td><td>1</td><td>> 1</td><td>-</td></tr>
<tr><td colspan="7">Löschwasser- und Schaummittelbedarf bei unterschiedlicher Gefahr der Brandausbreitung</td></tr>
<tr><td></td><td colspan="6">m³ oder L/min</td></tr>
<tr><td>klein</td><td>24 bzw. 400</td><td>48 bzw. 800</td><td colspan="4">96 bzw. 1.600</td></tr>
<tr><td>3 % Zumischung</td><td>0,72 bzw. 12</td><td>1,44 bzw. 24</td><td colspan="4">2,88 bzw. 48</td></tr>
<tr><td>mittel</td><td>48 bzw. 800</td><td colspan="3">96 bzw. 1.600</td><td colspan="2">192 bzw. 3.200</td></tr>
<tr><td>3 % Zumischung</td><td>1,44 bzw. 24</td><td colspan="3">2,88 bzw. 48</td><td colspan="2">5,76 bzw. 96</td></tr>
<tr><td>groß</td><td colspan="2">96 bzw. 1.600</td><td colspan="4">192 bzw. 3.200</td></tr>
<tr><td>3 % Zumischung</td><td colspan="2">2,88 bzw. 48</td><td colspan="4">5,76 bzw. 96</td></tr>
</table>

Die Berliner Feuerwehr geht bei der Löschdauer in Abstufung des Gesamtlöschwasserbedarfs entsprechend Tabelle 3 von mindestens 30 min bis über 2 Stunden aus [105], wobei in der Praxis die Benutzungsdauer der Löschwasserversorgung aus unerschöpflichen Quellen, wenn sie erst einmal aufgebaut ist, unerheblich ist (abgesehen von der Kraftstoffversorgung).

### 5.3.1 MAR Raumflutung Mittelschaum

In der gängigen westlichen Literatur fehlen entsprechende Angaben zur Beschäumung („Fluten“) von Räumen, vermutlich aufgrund des Mangels an eigenen Erkenntnissen und Erfahrungen der Verfasser [106; 107; 108; 109; 110; 111; 112; 114; 115]. Für die Raumflutung sind die Verschäumungszahl und die Wasserhalbzeit (und damit der Schaumzerfall) von entscheidender Bedeutung. Grundsätzlich gilt: Räume sollten so schnell wie möglich geflutet werden. Des Weiteren gilt: Je höher der Raum, desto wichtiger ist es, möglichst viele Rohre gleichzeitig zum Einsatz zu bringen. Eine der Schaumeinbringungsstelle z.B. gegenüberliegende Entlüftungsöffnung ist zur Verhinderung eines Luftpolsters zu schaffen. Mittelschaumrohre sind nicht an der höchsten Öffnung des Raumes über dem Brandherd anzuordnen – oberhalb des Mittelschaumrohres müssen heiße Rauchgase abziehen können.

## ■ Raumflutung Class-A-Foam

Bei eigenen Messungen zur Verschäumung von Class-A-Foam mit dem Schaummittel „Silv-ex G“ der Firma Total Walther (TWFL), geeignet für eine Zumischung von 0,1 bis 1 %, mit einem Doppelkolbenpumpenzumischer des Typs „Hydroflo“ der Firma Robwen und einem Mittelschaumrohr M2 (TWFL), bei 3 bar und einer Wassertemperatur zwischen 15 °C und 17 °C wurden an verschiedenen Objekten bis 250 L Volumen bei Zumischraten von 0,5 und 1 % Verschäumungszahlen von zwischen 20 und 41 bestimmt. Dies entspricht Schaumbildungsgeschwindigkeiten von ca. 30 bis 60 L/sec oder 1,8 $m^3$/min bis 3,6 $m^3$/min [116]. Die Wasserhalbzeit betrug bei 0,5 % Zumischung zwischen 10 und 20 Minuten, bei 1 % zwischen 55 und 60 Minuten.

## ■ Raumflutung AFFF

Einer Veröffentlichung des IdF Heyrothsberge, 1975, zum Einsatz von Mittelschaumrohren in geschlossenen Räumen, ist zu entnehmen [117]: *„Aus der Literatur der UdSSR geht hervor, daß entsprechend der Situation das drei- bis zehnfache Schaumvolumen des Raumes eingesetzt werden müßte.“* Nach Pless und Lubosch [118], 1991, muss im *„Einzelfall die pro Zeiteinheit erzeugte Schaummenge so auf das zu flutende Raumvolumen abgestimmt sein, daß die Flutung [bei einer max. Raumhöhe von 10 m] nach ca. 20 Minuten bei [Verwendung von] FBS [AFFF] ... abgeschlossen ist.“*

In eigenen Messungen mit Zumischer Z4 und M4 (KR4-75) wurde für die Verwendung von AFFF mit Mittelschaumrohren eine Verschäumungszahl von 25 bis 50 bestimmt. Interessanterweise ist die VZ 50 auch genau die, die heute für Mittelschaumrohre der relevanten (westlichen) Hersteller angegeben wird [119] – vermutlich ist die VZ älterer Mittelschaumrohre mit dem

Wert 75 ohnehin zu „optimistisch" angesetzt worden bzw. gilt (nur) für Mehrbereichsschaummittel, nicht aber für AFFF-Schaummittel. Für MS-AFFF-3 % wurden Wasserhalbzeiten zwischen 9 bis 11 Minuten bestimmt, zum Vergleich: MS-MBS-3 %: WHZ > 70 min. Mit AFFF-Schaummittel und einem Leichtschaumgenerator kann Schaum erzeugt werden. Es wurden Verschäumungszahlen von zwischen 121 und 152 gemessen – somit handelt es sich bei dem erzeugten Schaum nicht um Leicht- sondern um Mittelschaum. Gegenüber dem mit Mittelschaumrohren KR 4-75 erzeugtem Mittelschaum hat der mit dem Axiallüfter erzeugte Schaum jedoch durch seine höhere Verschäumungszahl einen Volumen- bzw. Flutungsvorteil von im Mittel ca. 20 %. Die nachfolgenden Berechnungsgrundlagen konnten für Raumhöhen von bis zu 10 m verifiziert werden. Werte von 1 bis 2 (L/m$^3$ x min) sind als Untergrenze anzusehen, dies entspräche z.B. einem Schaumrohr M4 pro 200 bis 400 m$^3$ Brandraumvolumen (ein Würfel mit ca. 6 bis 7 m Kantenlänge).

Mindestapplikationsrate (MAR) bzw. die Taktische Löschintensität (TALIS) für Raumflutung mit Mittelschaum:

Volumenstrom bei Raumflutung [L/min] = 1 x Brandraumvolumenfläche [m$^3$]

oder:

(mindestens) ein Mittelschaumrohr M4 pro 400 m$^3$

Die Schaum- bzw. Schaummittelbedarfsrechnungen in der Taschenkarte „Raumflutung mit Schaum" sind auf eine Flutungszeit von 10 Minuten ausgerichtet. Für je 10 Minuten im ersten Ansatz berechneter Beschäumungszeit ist je ein Mittelschaumrohr erforderlich – eine Beschäumungszeit größer 10 Minuten ist durch 10 zu teilen, um die Anzahl der einzusetzenden Rohre zu bestimmen.

| Volumen [m³] | Beschäumungszeit [min] VZ 25 bei Anzahl Rohre M4 | | | | VZ 50 bei Anzahl Rohre M4 | | | |
|---|---|---|---|---|---|---|---|---|
| | 1 | 2 | 3 | 4 | 1 | 2 | 3 | 4 |
| 100 | 10 | 5 | 3 | 3 | 5 | 3 | 2 | 1 |
| 200 | 20 | 10 | 7 | 5 | 10 | 5 | 3 | 3 |
| 300 | 30 | 15 | 10 | 8 | 15 | 8 | 5 | 4 |
| 400 | 40 | 20 | 13 | 10 | 20 | 10 | 7 | 5 |
| 500 | 50 | 25 | 17 | 13 | 25 | 13 | 8 | 6 |
| 600 | 60 | 30 | 20 | 15 | 30 | 15 | 10 | 8 |
| 700 | 70 | 35 | 23 | 18 | 35 | 18 | 12 | 9 |
| 800 | 80 | 40 | 27 | 20 | 40 | 20 | 13 | 10 |
| 900 | 90 | 45 | 30 | 23 | 45 | 23 | 15 | 11 |
| 1.000 | 100 | 50 | 33 | 25 | 50 | 25 | 17 | 13 |
| 1.100 | 110 | 55 | 37 | 28 | 55 | 28 | 18 | 14 |
| 1.200 | 120 | 60 | 40 | 30 | 60 | 30 | 20 | 15 |
| 1.300 | 130 | 65 | 43 | 33 | 65 | 33 | 22 | 16 |
| 1.400 | 140 | 70 | 47 | 35 | 70 | 35 | 23 | 18 |
| 1.500 | 150 | 75 | 50 | 38 | 75 | 38 | 25 | 19 |
| 1.600 | 160 | 80 | 53 | 40 | 80 | 40 | 27 | 20 |
| 1.700 | 170 | 85 | 57 | 43 | 85 | 43 | 28 | 21 |
| 1.800 | 180 | 90 | 60 | 45 | 90 | 45 | 30 | 23 |
| 1.900 | 190 | 95 | 63 | 48 | 95 | 48 | 32 | 24 |
| 2.000 | 200 | 100 | 67 | 50 | 100 | 50 | 33 | 25 |



| Volumen [m³] | Schaummittelbedarf [L] VZ 25 | VZ 50 |
|---|---|---|
| 100 | 120 | 60 |
| 200 | 240 | 120 |
| 300 | 360 | 180 |
| 400 | 480 | 240 |
| 500 | 600 | 300 |
| 600 | 720 | 360 |
| 700 | 840 | 420 |
| 800 | 960 | 480 |
| 900 | 1.080 | 540 |
| 1.000 | 1.200 | 600 |
| 1.100 | 1.320 | 660 |
| 1.200 | 1.440 | 720 |
| 1.300 | 1.560 | 780 |
| 1.400 | 1.680 | 840 |
| 1.500 | 1.800 | 900 |
| 1.600 | 1.920 | 960 |
| 1.700 | 2.040 | 1.020 |
| 1.800 | 2.160 | 1.080 |
| 1.900 | 2.280 | 1.140 |
| 2.000 | 2.400 | 1.200 |

**Abbildung 33:** Taschenkarte „Raumflutung mit Schaum“

**Abbildung 34a und b:** Fluten einer Schiffsabteilung mit Mittelschaum

**Abbildung 35:** Abluftöffnungen beim Ausbringen von Mittel- und/oder Leichtschaum

## 5.3.2 MAR Raumflutung Leichtschaum

Noch in der Erarbeitung ist DIN EN 16712-4 „Tragbare Geräte zum Ausbringen von Löschmitteln, die mit Feuerlöschpumpen gefördert werden – Tragbare Schaumgeräte – Teil 4: Leichtschaumerzeuger". Kombigeräte, die als Lüfter und als Leichtschaumerzeuger verwendet werden können, sind grundsätzlich seit den 1960er-Jahren bekannt und erleben zurzeit eine gewisse Rennaissance. „Leichtschaum" taucht in den deutschen Feuerwehrzeitschriften ab Mitte der 1960er-Jahre auf [120; 121; 122; 123]. Im Oktober 1966 schreibt die Schriftleitung des Brandschutz [124]: *„Wie bei jedem neuen Verfahren waren auch bei „HI-EX" sofort eifrige Verfechter auf dem Plan, die alleine schon aus der Tatsache, daß es wieder einmal etwas Neues gibt, schlossen, das Feuerlöschwesen werde vollkommen umgekrempelt. Kritiker taten das HI-EX-Verfahren als modernen „Krampf" ab. Aber weder die Erfolge, die inzwischen zweifellos mit dem neuen Löschverfahren erzielt werden konnten, noch die Pannen, die man beim Umgang mit einer so neuen Sache in Kauf nehmen mußte, geben der einen oder der anderen Seite recht. Die Wahrheit wird auch hier in der Mitte zwischen den extremen Meinungen liegen."* Die bei der BF Frankfurt am Main im Laufe des Jahres 1965 in Dienst gestellten TroTLF 16 wurden mit mobilen Leichtschaumgeräten 200 (LSG 200) im GR bestückt (dazu war die FP ganz rechts angeordnet) [125; 126; 127; 128]. Ab 1977 wurde das „LF 8 LS 1/1" in mehreren Baulosen im VEB Feuerlöschgerätewerk Görlitz auf Robur LO 2002 A hergestellt. Es war ein genormtes Sonderfahrzeug der DDR-Feuerwehren und vorwiegend bei den Kommandos F größerer Städte, in Betrieben und auf Flugplätzen sowie bei der NVA stationiert und wird bei einigen Feuerwehren auch heute noch einsatzbereit gehalten [129].

Als Bemessungsgrundlage für zweidimensionale Brände (z.B. Flächenbrände) erscheint nach Kleier [130] *„die aus Schweden stammende Formel von 1 bzw. 2 m³ / (min x m²) brennender Fläche als Applikationsrate ausreichend dimensioniert zu sein“*, die schwedische Originalquelle wird nicht genannt. Die 200 m³/min Schaum eines LSG 200 könnten somit 100 bis 200 m² pro Minute bedecken. Bumiller, 1970, beschränkt sich in seiner Arbeit auf allgemeine Beschreibungen der Eigenschaften von Schaum, einige rudimentäre Versuche mit Leichtschaum (dessen Nichteignung er für den Einsatz auf Containerschiffen feststellt) und den Hinweis, dass es schwierig sei, konkrete Aussagen zu treffen [131]. Einzig Brunswig gibt 1973 für Leichtschaum – nicht Mittelschaum – zum Fluten einen Wert von 2 L/min x m² (nicht m³!) an [132]. Des Weiteren kann mit AFFF und einem MSA-AUER Be- und Entlüftungsgerät Schaum mit VZ 120 bis 152 erzeugt werden – somit handelt es sich nicht um Leicht-, sondern um Mittelschaum. Bei einer Vorführung der Fa. Magirus auf der Interschutz 2015 wurde ein 10 x 7 x 2,5 m³ = 175 m³ großer provisorischer Behälter innerhalb von 5 Minuten mit einem am Leiterkopf einer DL angebrachten „Flexifoam“-Gerät gefüllt, dies entspricht einer Schaumbildungsgeschwindigkeit von 35 m³/min. Der im April 2016 von der der Fa. Rosenbauer vorgestellte Lüfter FANERGY (mit 30.000 m³/h bis über 65.000 m³/h; Otto- oder Elektromotor bei ca. 41 bzw. 50 kg) kann mit optionalen Ausstattungen auch zur Erzeugung von Wassernebel oder als Schaumgenerator (200 L/min) genutzt werden [133].

**Abbildung 36a und b:** „Flexifoam"-Gerät bei einer Vorführung

**Abbildung 37:** Rosenbauer Lüfter FANERGY (Quelle: Rosenbauer)

KLEIER (aus [Bad] Urach, vermutlich Fa. Minimax) schreibt 1967, die Beflutungszeiten bei stat. Leichtschaumanlagen sollen in der Größenordnung von 4 bis 10 Minuten liegen – und zwar unabhängig von der Größe des Brandobjekts [134]. Schaumzerfall durch Reibung am Brandobjekt, durch innere Reibung des sich bewegenden Schaums, durch Abbrand und Temperatureinwirkung sowie der „natürliche" Schaumzerfall (Wasserhalbzeit) würden sonst überwiegen. Ein LSG 200, das mit 200 L/min W-SM-G versorgt wird, produziert theoretisch bei 1.000facher Verschäumung 200 m³/min Schaum, innerhalb von 10 Minuten also 2.000 m³ Leichtschaum. Dies entspricht einem Würfel mit einer Kantenlänge von ca. 12,5 Metern oder einem 3 Meter hohen Raum mit einer Grundfläche von 670 m², also z.B. 26 m x 26 m oder 10 m x 67 m – oder „umgerechnet in Feuerwehr" [135] einer 5 m hohen Fahrzeughalle mit 7 Stellplätzen der Größe 3 (4,5 m x 12,5 m). Dies mag als Anhalt zur Abschätzung der Anzahl der erforderlichen LSG dienen.

Wem Leichtschaum eine Nummer zu groß ist, aber trotzdem schon bei 200 L/min Volumenstrom schnell viel Schaum erzeugen können will, dem sei das Mittelschaumrohr „Blizzard 200", einem „M2-XXL" aus dem Hause POK, im Vertrieb der Fa. TKW Armaturen GmbH, empfohlen: Sechs Düsenstöcke im Schaumrohr erzeugen – je nach Schaummittel – Mittelschaum mit Verschäumungszahlen im dreistelligen Bereich bei zwischen 2 und 8 bar Druck am Schaumrohr.

**Abbildung 38:**
Mittelschaumrohr POK „Blizzard 200"

## 5.4 Volumenstrom der Angriffsleitung

Die Volumenströme der Angriffsleitung ergeben sich bei Verwendung von Z-Zumischern üblicherweise zu 200, 400 oder 800 L/min, bei Druckzumischanlagen entsprechend deren jeweiligem Arbeitsbereich. Auch bei Einbau einer Druckzumischanlage (DZA) sollte aber in jedem Löschfahrzeug trotzdem ein Z-Zumischer (üblicherweise Z4) inklusive Ansaugschlauch mitgeführt werden und eine Vorrichtung vorhanden sein, mit der auch bei Ausfall der DZA Schaummittel aus einem fest eingebauten Schaummittelbehälter entnommen werden kann, da sonst ein technischer Ausfall der DZA zu einem einsatztaktischen Totalausfall des Fahrzeugs führen kann, da gar kein Schaum erzeugt werden kann. Bei einer maximalen Masse für einen Zumischer nach DIN 14348 von 5 kg bzw. DIN EN 16712-1 (ab 2015) von

3 kg bedeutet der Verzicht auf diesen keinen echten Vorteil durch Ersparnis von Ausrüstung, sondern vielmehr einen unverzeihlichen Verzicht auf Redundanz und die Möglichkeit, auch abgesessen Schaum zu erzeugen.

## 5.5 Wurfweite, Applikationstechnik und das Erzielen einer relativen Überlegenheit

Die Wurfweite von „Wasserstrahlrohren", also Mehrzweck- und Hohlstrahlrohren nach DIN EN 15182 [136; 137; 138; 139], ändert sich durch Schaummittelzumischung nicht wesentlich. Für Schaumrohre nach DIN EN 16712-3 (seit 2015) gelten bei einem Anstellwinkel von 30 Grad und bei 5 bar Druck die in Tabelle 3 angegebenen Mindestwerte, wobei die tatsächlich erreichten Wurfweiten je nach Schaumrohr sehr unterschiedlich sein können (*siehe Tabelle 4 und Abbildung 39*).

**Abbildung 39:** Wurfweiten von Schaumrohren

**Tabelle 4:** Wurfweiten von Schaumstrahlrohren nach DIN EN 16712-3

| | effektive Wurfweite [m] | | | | |
|---|---|---|---|---|---|
| Volumenstrom [L/min] | 50 | 100 | 200 | 400 | 800 |
| Schwerschaumrohre | | 9 | 12 | 20 | 25 |
| Mittelschaumrohre | 3 | 4 | 7 | 8 | 12 |

Die vergleichsweise geringen Wurfweiten von Schaumrohren können und müssen bei flächigen Bränden von Flüssigkeiten durch eine geeignete Applikationstechnik kompensiert werden (*siehe Abbildung 40*). Das Aufbringen von Schaummitteln geschieht möglichst sanft und möglichst konzentriert als „Footprint", auch „Schaumanker" genannt, und nicht separat an unterschiedlichen Stellen („Kuhflecken"). In der Taktiklehre wird hierfür der Begriff der „relativen Überlegenheit" – in diesem Falle der Art, Menge und Verteilung des eingesetzten Löschmittels gegenüber dem Brandgeschehen – verwendet. Die Konzentration auf den „Footprint" führt zu einer lokalen Kühlung und der Schaum kann sich von hier aus über die Fläche der brennbaren Flüssigkeit schieben.

**Abbildung 40:** Applikationstechnik – „Footprint" statt „Kuhflecken"

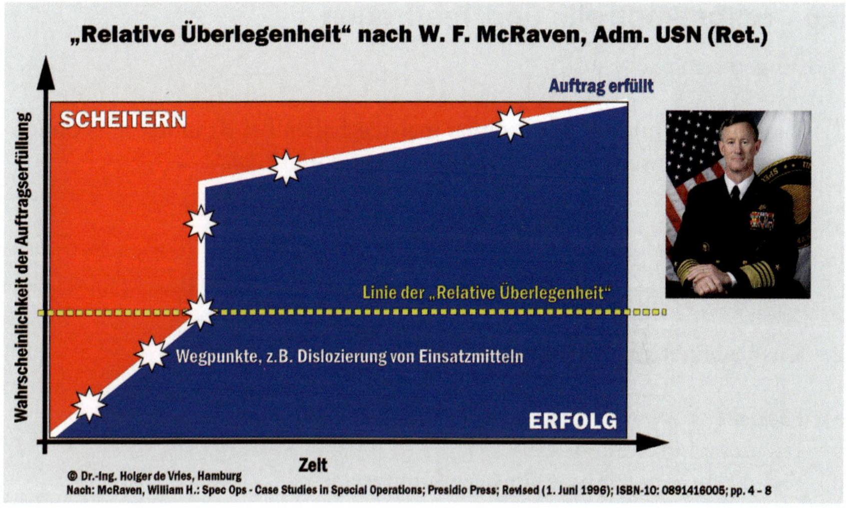


**Abbildung 41:** Zum Begriff der „relativen Überlegenheit“

## 5.6 Selbstkontrolle und Testfragen

(Lösungen siehe Seite 100)

**1. Wie viel Löschmittel wird in den meisten Fällen bei Bränden in Wohngebäuden („kritischer Wohnungsbrand") benötigt?**

a) In 85 % weniger als 1.000 L
b) In 70 % mehr als 2.000 L
c) In 60 % weniger als 1.500 L

**2. Was bedeutet das Akronym „TALIS"?**

a) Tägliche Auswahl logistischer Infomationssysteme
b) Taktische Löschintensität
c) Technische Anwendung linearer Schutzsysteme

**3. Wie viel Löschmittel pro Brandfläche ist bei Raumbränden erforderlich? [Faustformel]**

a) Volumenstrom [L/min] = 4 x Brandfläche [$m^2$]
b) Anzahl C-Rohre = 3,141 x Raumgröße [$m^3$]
c) 2 x Volumenstrom [L/min] = Brandfläche [$m^2$]

**4. Wie viel Löschmittel pro Brandfläche ist bei Vollbränden erforderlich? [Faustformel]**

a) Anzahl B-Rohre = 7 x Objektgröße [$m^3$]
b) Volumenstrom [L/min] = 10 x Brandfläche [$m^2$]
c) 4 x Volumenstrom [L/min] = Brandfläche [$m^2$]

**5. Welche Beflutungszeit ist bei Mittel- und/oder Leichtschaum anzustreben?**

a) 60 Minuten
b) 10 Minuten
c) Egal

# 6 Extensive und intensive Schaummittelversorgung/-abgabe

Grundsätzlich kann bei der Schaummittelzumischung, -versorgung und -abgabe zwischen zwei Szenarien unterschieden werden:

**Extensive Schaummittelversorgung/-abgabe**, z.B. beim Feststoffbrand: Schaummittel wird als Netzmittel und ggf. zur Abdeckung verwendet. Durch kurzfristiges Unterbrechen der Schaummittelversorgung und/oder Unterschreiten der Zumischrate werden weder die Sicherheit der Einsatzkräfte noch der Löscherfolg gefährdet, insbesondere wenn bei langen Schlauchleitungen davon ausgegangen werden kann, dass noch über einen gewissen Zeitraum Schaummittel aus diesen „ausgewaschen" werden wird.

**Intensive Schaummittelversorgung/-abgabe**, z.B. beim Flüssigkeitsbrand: Es muss sichergestellt werden, dass zu keinem Zeitpunkt die Schaummittelversorgung derart unterbrochen wird, dass reines Wasser aus den Löschmittelauswurfsvorrichtungen abgegeben wird und dies die Sicherheit der Einsatzkräfte und den Löscherfolg gefährden kann.

Bei der Bekämpfung von Feststoffbränden ist lediglich eine extensive Schaummittelversorgung erforderlich. Es sollte eine „mittlere Zumischrate" von 0,3 % erreicht werden. Bei fest eingebauten, automatischen, druckseitigen Zumischern entfällt das Instellungbringen von Zumischern nahe an den Strahlrohren und der manuelle Transport von Schaummittelkanistern nach vorne. Die Länge der Schlauchleitung zwischen den Zumischern bzw. Zumischeinrichtungen und den Angriffstrupps ist – abgesehen von den Reibungsverlusten in den Schläuchen – beliebig lang. Verständigt der Strahlrohrführer jedoch den Maschinisten, dass er eine niedrigere oder höhere Zumischrate zur Verbesserung der Schaumqualität wünscht, so ist die Zeit zum Erkennen der Ursache-Wirkungs-Beziehung abzuwarten: Bei Verwendung einer C-52-Leitung aus vier Längen und einem C-Strahlrohr mit einer Leistung von 100 L/min muss der Strahlrohrführer also rund 80 Sekunden warten, bis sich die Schaumqualität aufgrund der geänderten Zumischrate ändern kann. Es erweist sich daher als sinnvoll, Hohlstrahlrohre mit einem

Schaumvorsatz zu verwenden, da die Schaumqualität hier durch Verdrehen des Strahlformstellers variiert werden kann. Sobald ein Ende der Brandbekämpfung abzusehen ist, aber bevor „Wasser halt“ gegeben wird, sollte die Zumischrate verringert werden. Class-A-Foam-Schaummittel sind höher konzentriert und schäumen deshalb stärker als übliche Mehrbereichsschaummittel, so dass das Spülen der Anlage und der Schläuche mehr Wasser erfordert. Außerdem kommt mehr Schlauchmaterial mit Schaummittel in Kontakt, da der Zumischer im oder am Fahrzeug betrieben wird. Diese Verringerung bzw. das Abschalten der Zumischung darf jedoch nicht dazu führen, dass aufgebrachte Schaumschichten wieder abgewaschen werden. Der Strahlrohrführer kann leicht überprüfen, ob sich noch Schaummittel im Wasser befindet, indem er die Fingerspitzen vorsichtig in den Strahl hält: Das Wasser schäumt leicht auf und fühlt sich „ölig“ an.

**Abbildung 42a und b:** Zur Definition der intensiven und extensiven Schaummittelversorgung/ Schaumabgabe

**Tabelle 5:** Strömungsgeschwindigkeit in Feuerlöschschläuchen

| Schlauch | Volumenstrom [L/min] | Strömungsgeschwindigkeit [m/s] | Zeit für einen 15-m-Schlauch [s] |
|---|---|---|---|
| C 52 | 100 | 0,78 | 19,23 |
| C 52 | 200 | 1,57 | 9,55 |
| C 52 | 300 | 2,34 | 6,41 |
| C 52 | 400 | 3,14 | 4,77 |
| | | | |
| B 75 | 100 | 0,38 | 39,47 |
| B 75 | 400 | 1,51 | 9,93 |
| B 75 | 600 | 2,26 | 6,64 |
| B 75 | 800 | 3,01 | 4,98 |

## 6.1 Sicherstellung einer kontinuierlichen Schaummittelversorgung – Verteiler als „Schaummittelweiche“

Die Tabelle 6 gibt einen Überblick des Schaummittelbedarfs und der Stehzeit eines 20-L-Schaummittelbehälters bei Verwendung genormter Zumischer und üblicher Zumischraten:

**Tabelle 6:** Stehzeit eines 20-L-Schaummittelbehälters

| Zumischer | Zumischrate | | | Zumischrate | | |
|---|---|---|---|---|---|---|
| | 1 % | 3 % | 6 % | 1 % | 3 % | 6 % |
| | Schaummittelbedarf L/min | | | Stehzeit 20 L SM-Behälter | | |
| **Z2** | 2 | 6 | 12 | 10,00 | 3,33 | **1,67** |
| **Z4** | 4 | 12 | 24 | 5,00 | **1,67** | **0,83** |
| **Z8** | 8 | 24 | 48 | 2,50 | **0,83** | **0,42** |

Es ist leicht nachvollziehbar, dass 20-L-Schaummitelbehälter nur bei Zumischraten von bis zu 3 % an Zumischern der Größe Z4 sinnvoll einzusetzen sind. Ein größerer Schaummittelbedarf erfordert die Verwendung von 200-L- oder 1.000-L-Gebinden, d.h. Fässer oder z.B. IBC-Behälter. Stehen diese (vorübergehend) nicht zur Verfügung, so kann ein Zumischer in Kombination mit einem Verteiler D-DD oder C-DD und zwei Ansaugschläuchen als „Sammelstück“ verwendet werden, um durch Umschalten zwischen den Zugängen [140] ein dauerndes Umstecken des Schaummittel-Ansaugschlauches und ein Abreißen des Schaummittelstromes zu vermeiden. Beides wurde mit AFFF und strukturviskosem Solberg Re-Healing Foam RF-MB (0,5 bis 3 %) erfolgreich erprobt.

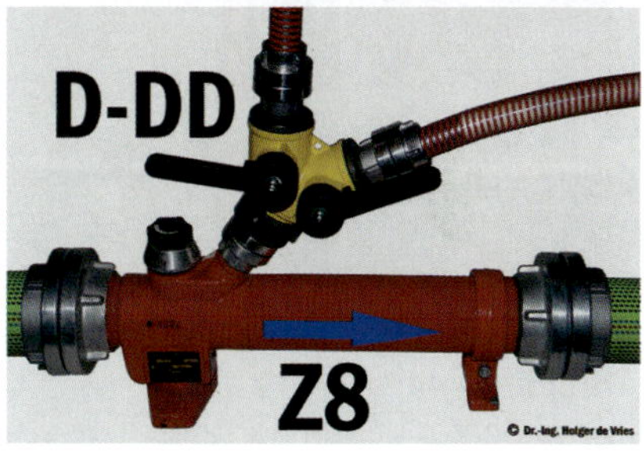


**Abbildung 43a bis d:** a und b: Zumischer Z8 mit angekuppeltem Verteiler D-DD (umgerüstet vom Modell C-DD des LSHD [141]) der Fa. AWG zur kontinuierlichen Schaummittelversorgung direkt am Druckabgangstutzen eines Löschfahrzeugs; c: Vergleich von Verteilern C-DD: links aktuelles Modell der Fa. POK (gelb) mit 38 mm Eingangsdurchmesser, rechts „historisches“ Modell der Fa. AWG mit 18 mm Eingangsdurchmesser (somit hydraulisch betrachtet ein Verteiler D-DD); d: POK-Verteiler D-DD am Z8

## 6.2 Kontinuierliche Schaummittelversorgung über längere Wegstrecken mit „Bordmitteln“

### 6.2.1 Grundsätzliches zu Schaummittel-Ansaugschläuchen

Die (leider übliche) eng aufgerollte Lagerung von Ansaugschläuchen für Zumischer wirkt sich negativ auf deren Verwendung im Einsatz aus, da der Schlauch dann versucht, sich aus dem Kanister „herauszuschlängeln“. Es wird daher vorgeschlagen – wie in Brandenburg üblich –, bei Ausschreibungen und Beschaffungen an entsprechender Stelle den Hinweis „möglichst längliche Lagerung, nicht gerollt“ aufzunehmen. Für die Schaummittel-Ansaugschläuche ist nach DIN EN 16712-2 nunmehr ein Steigrohr vorgesehen. Aus Gründen des Unfallschutzes darf das Steigrohrende eines Ansaugschlauches nicht spitzwinklig geschnitten werden (*vgl. Abbildung 45, Beispiel links*), um Verletzungen des Anwenders zu vermeiden (*vgl. Abbildung 45, Beispiele rechts*) (siehe auch DIN EN 16712-2).

**Abbildung 44:**
„Artgerechte“ Lagerung eines Schaummittel-Ansaugschlauchs

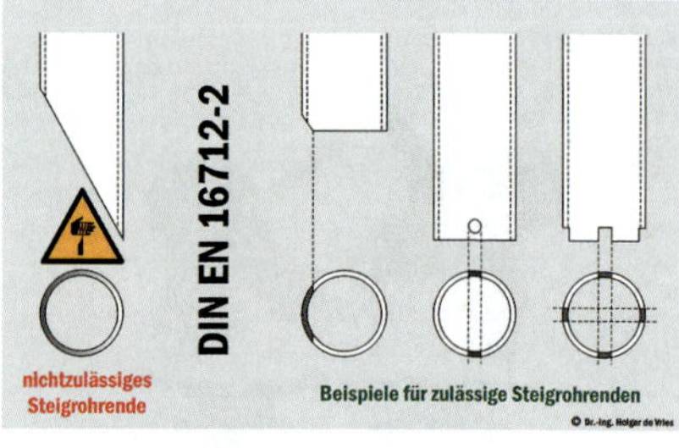


**Abbildung 45:**
Nichtzulässige und zulässige Steigrohrenden für Ansaugschläuche nach DIN EN 16712-2

## 6.2.2 Schaummittelversorgung von (Z-)Zumischern über Entfernungen bis 100 m

Z- und andere Zumischer sowie selbstansaugende Schaumrohre können – je nach Schaummittel – über eine Entfernung von mindestens 100 m unter Verwendung von Spiralschläuchen DN 25 schaummittelversorgt werden [142]. Dies wurde in enger Zusammenarbeit mit den Herstellern und der CEN-Arbeitsgruppe erfolgreich an folgenden Konfigurationen erprobt und „ausgelitert" [143]: Zumischer Angus Hi-Combat 225 L/min (entspricht Z2) mit Solberg RF-MB, Z4-Zumischer der Fa. AWG und Fa. POK, „AB-Zumischer" von Groupe Leader, dem „Zumischer Feindosierung" von AWG sowie 50 m mit Wasserwerfer POKet (1.600 L/min bei 7 bar). Die Angus-Titan-Schaumwerfer (bis 4.500 L/min W-SM-G) werden serienmäßig mit C-Kupplung und 15 m langem formstabilen Ansaugschlauch geliefert – auch da ist sicherlich noch mehr möglich [144] *(siehe auch Abbildung 56,* dort wurden sie allerdings mit Gemisch versorgt).

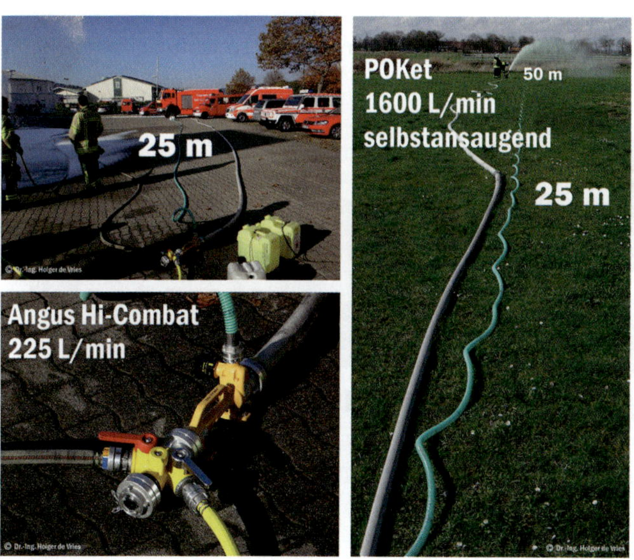


**Abbildung 46a bis c:** Versorgung von Zumischern und einem selbstansaugenden Werfer mit 25 und 50 m Spiralschlauch

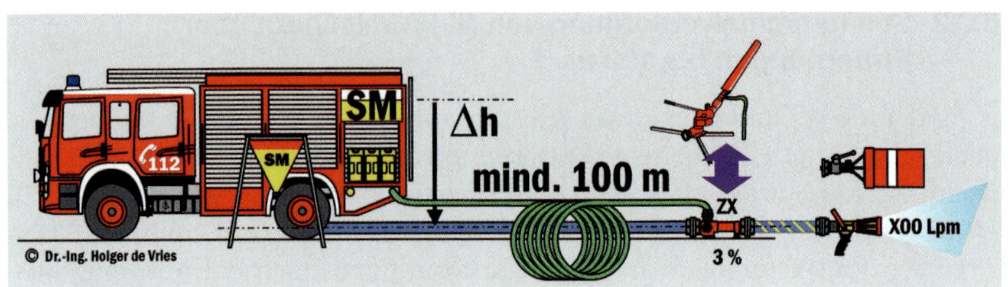


**Abbildung 47:** Schaummittelversorgung eines Z4 (oder z.B. eines selbstansaugenden Schaumwerfers) unter Zuhilfenahme von Spiralschläuchen DN 25

Werden der oder die Schaummittelbehälter über Erdgleiche gelagert, wird der statische Druck die Schaummittelversorgung unterstützen. Vorstellbar wären auch größere Schlauchdurchmesser und/oder die Verwendung hydraulisch günstigerer Kupplungen statt der D-Storzkupplungen (z.B. GEKA oder Camlock). Diese Verfahren sind vor Ort mit den jeweiligen Schaummitteln zu erproben und entsprechende Verfahrensanweisungen zu erstellen.

**Abbildung 48:** TLF 3000 mit fest eingebautem Schaummittelbehälter und „Zapfstelle" im Geräteraum G4

Eine weitere Alternative bietet die Verwendung eines zusammenfaltbaren Auffangtrichters. Hier wurde das Modell „eccotarp Auffangtrichter IFF01“ (Kantenlänge 750 mm, aus Polyester, beidseitig PVC-beschichtet, Masse 1,9 kg) mit C52-Kupplung und zugehörigem feuerverzinktem Klappständer (11,3 kg) mit einem Fassungsvermögen von 140 L verwendet [145; 146].

**Abbildung 49a bis c:** Packmaße „eccotarp Auffangtrichter IFF01“ mit Gestell, C-CDC- und C-DD-Verteilern (POK/TKW), 2 x 50 m DN-25-Saugschlauch (handelsüblich)

## 6.3 Schaummittelversorgung von (Z-)Zumischern über Entfernungen über 100 m

Gerätewagen Gefahrgut – nach DIN oder aus Landes- und Kreisbeschaffungen – führen üblicherweise Schlauchpumpen mit. Ihre genormte Bezeichnung lautet „Gefahrstoff-Umfüllpumpe DIN 14427 – GUP 3 – 1,5 – TW (druckseitig mit VK 50, saugseitig mit MK 50), explosionsgeschützt“. In der aktuellen Fassung von DIN 14555-12 „Rüstwagen und Gerätewagen – Teil 12: Gerätewagen Gefahrgut GW-G“ werden sie unter Ziffer 7.3 gelistet.

**Abbildung 50:** Ölwehrfahrzeug des Kantons Aargau bei der Stützpunktfeuerwehr Aarau, weitgehend einem deutschem GW-G entsprechend [147]

**Tabelle 7:** Leistungsdaten GUP3-1,5-T der Fa. ELRO

| | | Stufe I | Stufe II |
|---|---|---|---|
| Nennförderleistung | L/min | 150 | 300 |
| Nennförderdruck | bar | 1,5 | 1,5 |
| Nenndrehzahl | U/min | 120 | 240 |
| Motorleistung | kW | 2,1 | 2,75 |
| Stromstärke | A | 4,8 | 6 |
| Spannung | V | 380 bis 415, Drehstrom | |

Stattet man den Förderschlauch der ELRO-Pumpe mit C-Kupplungen aus, so kann aus einem IBC-Behälter Schaummittel entnommen werden. Versuchsweise wurde eine Schlauchleitung aus zehn C52-Längen (insgesamt 150 m) verwendet, von der aus über in Reihe gekuppelte D-Verteiler vier Zumischer Z4 versorgt wurden. Zwischen den Verteilern und den Zumischern wurden Flachschläuche verwendet, dies hat sich nicht bewährt, so dass sie durch formstabile Spiralschläuche ersetzt wurden. Die ELRO-Pumpe wurde in der untersten Stufe betrieben. Da sie nicht gegen Widerstand drücken kann, schaltet sie sich sofort aus, wenn es zur Unterbrechung der Schaummittelabnahme kommt. Daher wurden bei den Zumischern Pufferbehälter aufgestellt [148], die über die Spiralschläuche gefüllt wurden und aus denen das Schaummittel dann konventionell durch Ansaugschläuche der Zumischer entnommen wurde. Das Pulsieren der ELRO-Pumpe wurde in der 150 m langen C-Leitung weitgehend egalisiert, so dass sich ein quasi kontinuierlicher Schaummittelstrom einstellte. Es wurde gezeigt, dass es möglich ist, eine ELRO-Pumpe zur Schaummittelförderung an der Einsatzstelle zu verwenden. Aufgrund der Leistung der Pumpe sind mindestens sechs Zumischer zu versorgen. Wie zuvor beschrieben, können hierzu auch längere Ansaugschläuche als nach Norm verwendet werden.

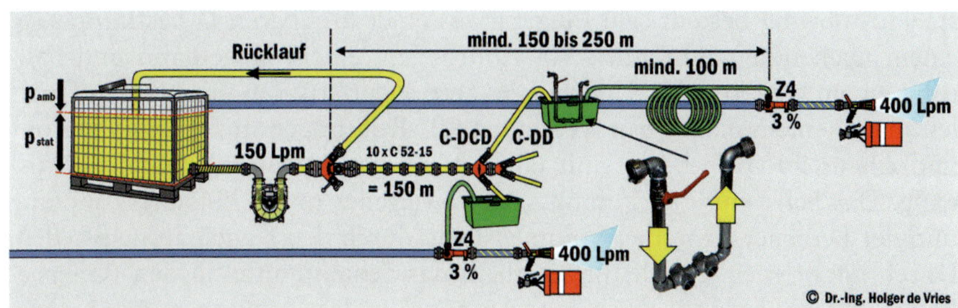


**Abbildung 51:** Schaummittelförderung über mehr als 150 m Entfernung mittels ELRO-Pumpe

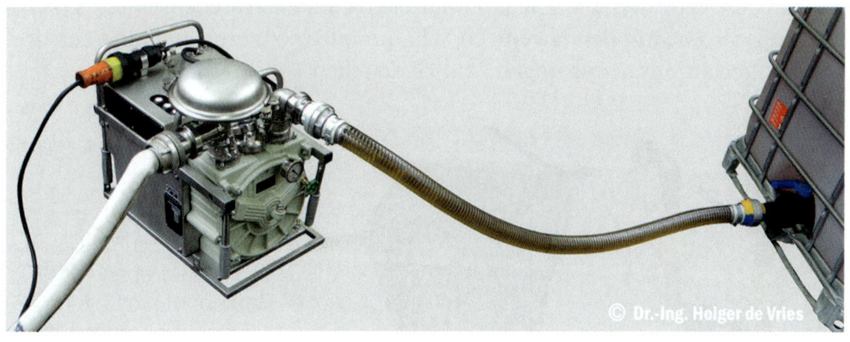


**Abbildung 52:** ELRO-Pumpe fördert Schaummittel aus IBC in eine Schlauchleitung aus 10 Längen C52-15.

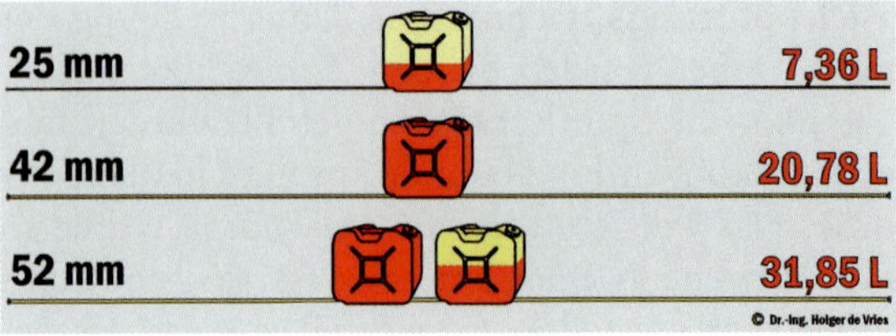

25 mm 7,36 L

42 mm 20,78 L

52 mm 31,85 L



**Abbildung 53:** Das Volumen von Schläuchen ist bei der Schaummittelbedarfsrechnung zu berücksichtigen.

Die Schaummittelförderung durch die Pufferbehälter muss bei diesem Aufbau mittels der Kugelhähne der D-Verteiler synchronisiert werden. Um diese Synchronisierung zu erleichtern, wurde ein U-förmiges „Schaummittelperiskop“ entwickelt, das in den Pufferbehälter gestellt wird. In dieser Beispielausführung besteht sein Eingang aus einer drehbaren D-Festkupplung, einem nach unten führenden 90°-Rohrbogen, einem Kugelhahn und Fallrohr, einem weiteren 90°-Rohrbogen, zwei Kreuzstücken mit offenen Querleitungen, einem nach oben weisenden 90°-Rohrbogen mit einem Steigrohr und einem 90°-Rohrbogen mit einer drehbaren D-Festkupplung als Ausgang. Das Schaummittel kommt vom D-Verteiler in die Eingangskupplung und der Bediener kann den Volumenstrom durch den Kugelhahn einstellen. Durch die offenen Querleitungen fließt das Schaummittel in den Pufferbehälter und kann durch diese vom Ansaugrohr des Zumischers wieder entnommen werden. Der Kugelhahn ermöglicht dem Bediener des Zumischers ein Gleichgewicht zwischen dem einfließenden und dem zum Betrieb des Zumischers erforderlichen Schaummittelstromes einzustellen. Diese Verfahren sind vor Ort mit den jeweiligen Schaummitteln zu erproben und entsprechende Verfahrensanweisungen sind zu erstellen.

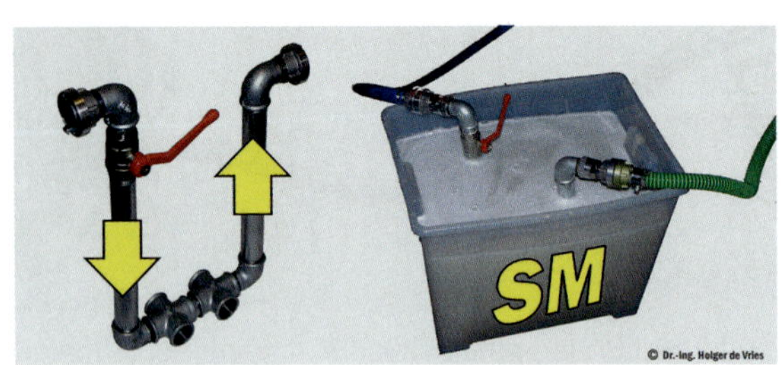


**Abbildung 54:** Schaummittel-Periskop und Pufferbehälter im Betrieb: blaue Leitung = Zuleitung, grüne Leitung = zum Zumischer

## 6.4 Selbstkontrolle und Testfragen

(Lösungen siehe Seite 100)

**1. Welche Art der Schaummittelversorgung sollte bei einem Flüssigkeitsbrand gewählt werden?**

a) Extensive Schaummittelversorgung
b) Intensive Schaummittelversorgung
c) Egal
d) Inklusive Schaummittelversorgung

**2. Wie können Z- und andere Zumischer sowie selbstansaugende Schaumrohre mit Schaummittel versorgt werden?**

a) Es dürfen nur die vom Hersteller mitgelieferten Ansaugschläuche verwendet werden.
b) Bis 100 m ist die Versorgung mit handelsüblichen formstabilen Schläuchen auf jeden Fall möglich.
c) Das Schaummittel wird über einen Trichter direkt am Zumischer zugeführt.

# 7 Erprobung, Ausbildung und Übung

Es ist bedenklich, dass heute an Feuerwehrschulen Maschinisten ihren Lehrgang bestehen können, ohne auch nur einmal eine Wasserversorgung über lange Wegstrecke aufgebaut zu haben. Entscheidend für den Einsatzerfolg sind aber die Erprobung des Geräts und der Verfahren vor und nach der Beschaffung sowie danach deren konsequente Beübung. Aus den bisherigen Erfahrungen heraus ist der „Einheitsfeuerwehrmann“ mit komplexen Situationen der Schaummittelversorgung überfordert. Hier wird die Bildung entsprechender SEG mit (auch aus ihren Zivilberufen) qualifizierten und interessierten Mitgliedern empfohlen. Der Aufbau einer Schaummittelversorgung an Einsatzstellen muss mindestens regelmäßig mit reinem Wasser geübt werden, ggf. unter Zuhilfenahme von Lebensmittelfarbe zur Visualisierung der Zumischung. Schaumausbildung in verkleinertem Maßstab („Schaumbox“) und dergleichen ist gut und richtig, ersetzt aber nicht die heiße Realbrandausbildung im realen Maßstab.

**Abbildung 55:** Heiße Ausbildung, hier: Shipboard Aircraft Firefighting Training

**Operation Orion**

AVON FIRE & RESCUE

**Abbildung 56a bis d:** Erprobung eines Schaummittelkonzeptes im Rahmen einer Übung

# 8 Glossar

| | | |
|---|---|---|
| AFFF | aqueous film-forming foam | wasserfilmbildender Schaum |
| bar | | 1 bar = 14,5 psi |
| CAFS | compressed air foam system | Druckluftschaumanlage |
| CAFSM | | Class-A-Foam-Schaummittel |
| CFM | cubic foot/feet per minute | 1 CFM = 0,0283 $m^3$/min |
| DLS(A) | | Druckluftschaum(anlage) |
| DZM(A) | | Druckzumisch(anlage) |
| FFFP | film-forming fluoro-protein foam | wasserfilmbildender Fluorproteinschaum |
| FP | fluoro-protein (foam) | Fluorproteinschaum |
| ft | foot / feet | 1 ft = 0,3048 m |
| FwDV | | Feuerwehr-Dienstvorschrift |
| GPM | gallons per minute | 1 GPM = 3,785 L/min |
| HX | high expansion | hohe Verschäumung (VZ > 200) |
| ICAO | International Civil Aviation Organization | Internationale Zivilluftfahrt-Organisation |
| L/min | | 1 L/min = 0,264 GPM |
| LFB | London Fire Brigade (UK) | Feuerwehr London |
| LX | low expansion | niedrige Verschäumung (VZ < 20) |
| m | Meter | 1 m = 3,281 ft |
| MBS | | Mehrbereich-Schaum (-Mittel) |
| MX | medium expansion | mittlere Verschäumung (VZ 20 – 200) |
| NFPA | National Fire Protection Association | |
| P | protein (foam) | Proteinschaum |
| psi | pound-force per square inch | 1 psi = 0,06895 bar |
| RAF | Royal Air Force | Brit. Luftwaffe |
| RN | Royal Navy | Brit. Marine |
| USCG | United States Coast Guard | US Küstenwache |
| USFS | United States Forest Service | US Bundesforstverwaltung |
| USN | United States Navy | US Marine |
| UVV | | Unfallverhütungsvorschrift |
| VZ | | Verschäumungszahl |
| WHZ | | Wasserhalbzeit |
| WMFS | West Midlands Fire Service (UK) | (Regierungsbezirk um Birmingham) |
| WVZ | | Wasserviertelzeit |

# 9 Anhang: Erhebungsbogen

### Erhebungsbogen Schaummittel-Logistik

Laufende Nummer: ____________
Stand: ____________
Leitstelle: ____________
Feuerwehr: ____________
Dienststelle: ____________
Straßenanschrift Standort: ____________
Tel: ____________
Funkrufname: ____________
Besatzung: ________ FA
abmarschbereit nach: _____ h _____ min
Lotse erforderlich: ☐ nein ☐ ja
Bedien-/Hilfspersonal erf.: ☐ nein ☐ ja _____ FA
**vom Anforderer auszufüllen:**
Entfernung zur eigenen Stadt-/Gemeindegrenze: _____ km
geschätzte Fahrzeit zur eigenen Stadt-/Gemeindegrenze: _____ min

**Schaummittel**
Handelsname: ____________
fluorfrei: ☐ ja ☐ nein
Zumischrate [%] für Feststoffe, Klasse A: ________ %
unpolare Flüssigkeiten: ________ %
polare Flüssigkeiten: ________ %
Stockpunkt des Schaummittels: ________ °C

| Gebinde: | | Schaummittel | Anzahl | Volumen |
|---|---|---|---|---|
| | 20-L-Schaummittelbehälter | | | |
| | __ L andere Behälter | | | |
| | 200-L-Fass | | | |
| | 1 $m^3$ IBC | | | |
| | fester Schaummittelbehälter im Fahrzeug | | | |
| | Absetzbehälter | | | |
| | Abrollbehälter | | | |
| | andere: ____________ | | | |

**mitgeführte Verlade- und Umschlagtechnik**

☐ keine ☐ Sack-/Fasskarre ☐ Fassheber
☐ Umfüllpumpe stationär: ___ L/min ___ V AC/DC Anschluss: ☐ A ☐ B ☐ C ☐ D
☐ Umfüllpumpe mobil: ___ L/min ___ V AC/DC Anschluss: ☐ A ☐ B ☐ C ☐ D
☐ (Mitnahme-)Gabelstapler Typ: ___________ max. Last: ______ kg
☐ Anbaukran Typ: ___________ max. Last: ______ kg
☐ Sonstiges: ___________ Typ: ___________ max. Last: ______ kg

**Zumischtechnik**

☐ fest eingebaut
☐ mobil

| Wasservolumenstrom [L/min] | | | Zumischrate [%] | | |
|---|---|---|---|---|---|
| | bis | | | bis | |
| | bis | | | bis | |
| | bis | | | bis | |

| mitgeführte Löschmittelauswurfvorrichtungen (LAV) | | Typ | Anzahl | Anzahl Kupplungen | | | Volumenstrom [L/min] | Zumischrate (%) |
|---|---|---|---|---|---|---|---|---|
| | | | | A | B | C | | |
| Monitor fest/ kann demontiert werden | | | | | | | | |
| Schaum-/Wasserwerfer mobil | | | | | | | | |
| Leichtschaumerzeuger | | | | | | | | |
| Schaumrohr | S 2 | | | | | | | |
| | S 4 | | | | | | | |
| | S 8 | | | | | | | |
| | M 2 | | | | | | | |
| | M 4 | | | | | | | |
| | M 8 | | | | | | | |
| | sonstige: | | | | | | | |

# 10 Literaturhinweise und Anmerkungen


1 Ratzner, A. F.: History and development of foam as a fire extinguishing medium In: Industrial and Engineering Chemistry; Easton PA/USA; 1956; Vol. 48 Nr. 11; November; S. 2013-2016

2 Rivkind, L. E.; Myerson, I.: Foams for industrial fire protection In: Industrial and Engineering Chemistry; Easton PA/USA; 1956; Vol. 48 Nr. 11; November; S. 2017-2020

3 Tuve, R. L.; Peterson, H. B.: Characterization of foams for fire extinguishment In: Industrial and Engineering Chemistry; Easton PA/USA; 1956; Vol. 48 Nr. 11; November; S. 2024 – 2030

4 Pachtner, F.: Das chemische und das mechanische Schaumlöschverfahren, seine Grundlagen, seine Technik und Anwendung; Verlag Feuerschutz; Potsdam; 1933; S. 65-88

5 Brunswig, H.: Schaumrohr Vor! – Eine Dokumentation zur Geschichte des Löschmittels Schaum und des Total-Komet-Luftschaumverfahrens; Total – Foerstner & Co.; Ladenburg; 1973

6 Anonymus: Schaum bei Feststoffbränden In: UB – Unabhängige Brandschutzzeitschrift; Verlag Technik; Berlin; 1997; 12; Dezember; S. 20

7 Boer, K. L. de: Als de roode Haan kraait; Wereldbibliothek N. V.; Amsterdam 1941 (trotz des Titels tatsächlich ein Fachbuch!)

8 DIN EN 1846: Feuerwehrfahrzeuge

9 DIN 14505: Feuerwehrfahrzeuge – Wechselladerfahrzeuge mit Abrollbehältern – Ergänzende Anforderungen zu DIN EN 1846-3

10 Jaugitz, Markus: Die Fahrzeuge der Luftschutzeinheiten der Luftwaffe; Waffen-Arsenal S-64; Verlag Podzun-Pallas; 2002; ISBN-10: 3790907383, p. 9

11 Kupferschmidt, Peter: Einsatzfahrzeuge im Luftschutzhilfsdienst/Erweiterten Katastrophenschutz Bd. 1 bis 6; Verlag Karl Rabe; 2008 – 2015

12 de Vries, Holger: „Die ‚Mobile Fire Column' des Auxiliary Fire Service“, brandschutz, Kohlhammer Verlag, Stuttgart; 2008; 1; Januar; pp. 51 – 59

13 Eine britische Besonderheit: eine Kombination von Zumischer und Schwerschaumrohr in einem Bauteil, die in die Leitung gekuppelt wird

14 Holliss, Barry R.; Thompson, John C.: The Green Machine; Enthusiasts Publications; Newport Pagnell/UK; 1995

15 Home Office Fire Department: Operating Instructions for Green Godesses; nicht datiert

16 Home Office & Scottish Home Department (Hrsg.): Manual of Fire Appliances for Mobile Fire Columns; Her Majesty's Stationary Office (HMSO); London, 1956

17 Henderson, Ron: The Auxiliary Fire Service (Famous Fleets Vol. Ten); Nostalgia Road Publications; Kendal, Cumbria/UK; 2006

18 Der Begriff „Schaumbilder“ wird hier nur aus historischen Gründen verwendet.

19 Wackerhahn, J.: Die Bevorratung von Sonderlöschmitteln bei der Berufsfeuerwehr einer deutschen Großstadt am Beispiel Düsseldorf (Studienarbeit); BUGHW FB 14 Prof. Hölemann; Wuppertal; 1995; vgl. vfdb-Zeitschrift 3/96 und 4/96

20 Rempe, A.: Feuerlöschmittel; Kohlhammer Verlag; Stuttgart; 5. Auflage; 1993

21 Woodwoth, S. P. und Frank, J. A.: Fighting fires with foam; Van Nostrand Reinhold; New York NY/USA; 1994

22 Eishold, E. und Meyer, J.: Die Löschmittel; Verlag Simowa AG; Pfäffikon ZH/Schweiz; 3. Auflage; 1993

23 Magirus Deutz FM 310 D 22 FA 6x6 mit FP 24/8 (max. 3.400 L/min), Löschwasser 9.100 L; Schaummitte l.000 L, Schaummittelextrakt AFFF; Schnellangriff Schwerschaum 30 m; Schnellangriff Wasser 70 m; Dachmonitor 2.400 L/min, Wurfweite max. 65 m (1979 WF Deutsche Airbus, in HH-Finkenwerder, seit 1999 FF Buxtehude)

24 Gihl, Manfred: Wechselladerfahrzeuge – Die Alleskönner der Feuerwehr; Sutton Verlag; 2011; ISBN-10: 3866809239

25 Genau genommen war die Bezeichnung falsch, da es sich um keine reinen Tankfahrzeuge handelte, sondern sie mit Zumischtechnik ausgestattet waren.

26 Schaummittelpumpe „Sihi“, Leistung 200 L/min bei 12 bar; Gleichdruck-Zumischregler Minimax NW 125, Zumischrate 3,5 %; 3 Zumischer Z 8, fest eingebaut, 2 Zumischer Z 2, 2 Mittelschaumrohre M 2, 2 Mittelschaumrohre M 8

27 DIN EN 14943:2005: Transportdienstleistungen – Logistik – Glossar; Deutsche Fassung

28 Beachte auch das Schwerschaumrohr vom Typ „Chubb FB 5X“. Es handelt sich dabei um ein sog. „selbstansaugendes Schaumrohr“, d.h. Zumischer und Schaumrohr bilden eine Einheit, es kann auch mit W-SM-G versorgt werden. Dieses sehr handliche Schaumrohr hat einen Volumenstrom von 230 L/min bei 5,5 bar, ermöglicht eine Zumischung von 3 % oder 6 %, nach Herstellerangaben und eigenen Messungen werden 2.270 L/min (entsprechend etwa VZ 10) Schaum erzeugt. Brit. Standardfahrzeuge führen üblicherweise nur ein oder zwei tragbare Schaummittelbehälter und ein selbstansaugendes Schaumrohr mit, für alles größere wird die „Schaum-Kavallerie“ gerufen.

29 DIN EN 16712-2: Tragbare Geräte zum Ausbringen von Löschmitteln, die mit Feuerlöschpumpen gefördert werden – Tragbare Schaumgeräte – Teil 2: Ansaugschlauch; Deutsche Fassung DIN EN 16712-2

30 IBC sind auch für Gefahrguttransporte zugelassen (UN31HA1/Y), verlieren ihre Zulassung für Gefahrgut aber spätestens nach fünf Jahren unwiderruflich. Eine Prüfung durch einen Sachkundigen muß nach 2,5 Jahren gemäß ADR Kapitel 6.5.6.7.3 erfolgen und muß mindestens 10 Minuten mit Luft bei einem Überdruck von mindestens 20 kPa (0,2 bar) durchgeführt werden.

31 H. de Vries: Im neuen Gewand [Wasserversogung in NL]; Feuerwehr-UB; Huss Medien; Berlin; 05, 2015, pp. 46 – 47

32 AB-Sonderlöschmittel (AB-SLM) der FF Neu-Isenburg mit Mischbeladung: 250-kg-ABC-Pulveranlage, 180 kg $CO_2$ in sechs fahrbaren $CO_2$-Löschern, 4.160 Liter verschiedene Schaummittel mobil auf Rollwagen oder in IBC, des weiteren Stromerzeuger, Beleuchtungsgerät, Be- und Entlüftungsgerät mit Leichtschaumvorsatz, Schaummittelpumpen, Sackkarre, Transportfässer

33 https://www.feuerwehr-pforzheim.de/ihre-feuerwehr/fahrzeuge/sonstige-fahrzeuge.html; 21.01.2017

34 Die regionale Feuerwehr der Region Zeeland und die Firma Oiltanking Terneuzen beschafften zwei baugleiche Zugmaschinen sowie fünf Tankanhänger und stationierten sie

bei der Feuerwehr Borssele. Nach mehreren verheerenden Bränden in europäischen Raffinerien und petrochemischen Betrieben haben sich die regionale Brandweer Zeeland zusammen mit den betroffenen Betrieben und Raffinierien Gedanken gemacht, um im Brandfall schnell und gezielt agieren zu können. Da sich in Terneuzen der drittgrösste Binnenhafen der Niederlande befindet und weil die Westerschelde tagtäglich durch etliche Tankfrachter befahren wird, kam man zu der Erkenntnis, dass ein flexibles Konzept für Brände zu Land und zu Wasser benötigt wird. Im Jahre 2009 wurden zwei gebrauchte Zugmaschinen angeschafft und bei Mucar zu Feuerwehrfahrzeugen umgebaut. Es wurden dazu zwei Trailer mit 26.000-Liter-Tanks beschafft, mit Schaummittel bestückt und bei den Feuerwehren in Borssele und in Terneuzen stationiert, um auf beiden Ufern der Westerschelde jeweils ein Fahrzeug vorzuhalten und im Ernstfall flexibel agieren zu können. Beide Fahrzeuge werden zeitgleich alarmiert und können gegebenfalls über den Westerscheldetunnel zum Einsatzort eilen. Im Jahre 2012 wurden nach neuen Berechnungen drei weitere Tankauflieger geordert. Somit hat die Region Zeeland mittlerweile einen Schaummittelpool von rund 130.000 Litern. Neben der regionalen Feuerwehr Zeeland und der Firma Oiltanking Terneuzen konnten z.B. die Zeeland Raffinerie und DOW-Chemicals als Partner gewonnen werden. Ein weiterer, wichtiger Schritt stellte auch die Kooperation zwischen allen betroffenen Werkfeuerwehren und der regionalen Feuerwehr Zeeland dar. So konnte man sich hier auch auf eine Schaummittelart einigen und diese auf alle Stützpunkte verteilen.

35 www.feuerwehr-bremen.org/uploads/media/Schaumkonzept_BF-HB.pdf; 21.01.2017

36 Cimolino, U.; Weich, A: Standard-Einsatz-Regeln: Kennzeichnung von Führungskräften, -fahrzeugen und Plätzen; ecomed Sicherheit; Auflage: 1 (19. September 2007)

37 „§ 29 Das Stabspersonal gewährleistet bei einem Einsatz die Journalführung und Verbindung. Es können ihm weitere Aufgaben übertragen werden." Und „§ 32 (3) Die Einsatzleiterin oder der Einsatzleiter erstellt über jeden Einsatz innert zehn Tagen einen schriftlichen Rapport". In: Vollzugsvorschriften für das Feuerwehrwesen (vom 14. September 2010); Direktion der Gebäudeversicherungsanstalt (GVZ); 861.211_14.9.10_71.pdf

38 Central Fire Brigades Advisory Councils for England and Wales and for Scotland; Joint Committee on Fire Research: Research Report No. 12 – Planning for the of Use of Bulk Foam Stocks; Prepared by S. Gilbert; Approved by S.F.J. Butler; SCIENTIFIC ADVISORY BRANCH; Horseferry House; Dean Ryle Street; LONDON SWIP 2AW; Winter1979; SAB Fire Research Report No. 18/78

39 DFV: Feuerwehr-Jahrbuch 2015; Feuerwehrstatistik 2013

40 H. de Vries: Britische Schaum-Logistik; Feuerwehr-UB; Huss Medien; Berlin; 07 – 08; 2015; pp. 50 – 53

41 Zwischen 2002 und 2007 wurden insgesamt 216 (!) Fahrzeuge dieser Baureihe auf einem Mercedes-Benz Atego 1325 F Straßenfahrgestell mit Aufbau von TVAC Plastisol bzw. Papworth Plastisol beschafft. Feuerlöschkreiselpumpe Godiva WTA 3010 / FPH 10-3000 (3.000 L/min bei 10 bar bzw. 200 L/min bei 40 bar Pumpenausgangsdruck, maximal 3.910 L/min), Löschwassertank 1.365 L, Schaummitteltank 120 L.

42 Siehe z.B.: http://www.ff-kaiserswerth.de/technik/loeschwasserrueckhaltung/

43 Statistisches Bundesamt: Fachserie 14 Reihe 2 Finanzen und Steuern; Vierteljährliche Kassenergebnisse des Öffentlichen Gesamthaushalts; 1.-4. Vierteljahr 2015; KassenergebnisOeffentlicherHaushalt2140200153244.pdf (05.01.2017); pp. 17 ff.

44 Landesfeuerwehrverband Schleswig-Holstein: Jahresbericht 2015; 2016_sondernewsletter_jahresbericht_2015.pdf

45 Daß dies möglich ist, zeigt die Landesbeschaffung Hessen: 5 Monate nach dem Unfall in Marburg am 28.04.1995 (siehe auch http://www.atemschutzunfaelle.de/unfaelle/de/1995/u19950428-marburg.html). Aus Sicht des steuerzahlenden Bürgers ist es egal, ob die Beschaffung über einen Kommunal- oder den Landeshaushalt fließt. Ob in allen Kommunen tatsächlich ausreichende Sach- und Fachkunde zur Beschaffung der Schutzkleidung besteht, sei dahingestellt.

46 Home Office: Fire and rescue authority procurement data; Data showing how much fire and rescue authorities in England pay for common items of uniform and equipment; 24 August 2016; https://www.gov.uk/government/publications/fire-and-rescue-authority-procurement-data; Datei: 20160823-Fire_procurement_data-v1.0-UK_O .ods

47 DIN EN 1568-1 bis -3; Feuerlöschmittel – Schaummittel – Teil 1 bis 3: Anforderungen an Schaummittel zur Erzeugung von Mittelschaum zum Aufgeben auf nicht-polare Flüssigkeiten

48 DIN EN 1568-4; Feuerlöschmittel – Schaummittel – Teil 4: Anforderungen an Schaummittel zur Erzeugung von Schwerschaum zum Aufgeben auf polare Flüssigkeiten

49 ISO 7203-1; Norm , 1995-12; Löschmittel – Schaummittel – Teil 1: Spezifikation für Schaummittel zum Erzeugen von Schwerschaum

50 ISO 7203-2; Norm , 1995-12; Löschmittel – Schaummittel – Teil 2: Spezifikation für Schaumittel für Mittelschaum und Leichtschaum

51 ISO 7203-3;Norm , 1999-03; Feuerlöschmittel – Schaummittel – Teil 3: Anforderungen an Schaummittel zur Erzeugung von Schwerschaum zum Aufgeben auf mit Wasser mischbare Flüssigkeiten

52 Gesetz über die Anwendung unmittelbaren Zwanges und die Ausübung besonderer Befugnisse durch Soldaten der Bundeswehr und verbündeter Streitkräfte sowie zivile Wachpersonen (UZwGBw); G. v. 12.08.1965 BGBl. I S. 796; zuletzt geändert durch Artikel 12 G. v. 21.12.2007 BGBl. I S. 3198

53 https://de.wikipedia.org/wiki/Großbrand_von_Herborn

54 Steininger, E.; Haas, F.: Die strafrechtliche Haftung von Einsatzleitern und deren Organisationen; Linde Verlag Ges.m.b.H.; Auflage: 1 (26. März 2013)

55 Müssig, J. et al.: Wer haftet, wenn was passiert? So sind Sie im Feuerwehralltag auf der sicheren Seite; ecomed Sicherheit; Auflage: 2016 (15. Dezember 2016)

56 http://www.feuerwehrverband.de/statistik.html

57 Deutscher Verein des Gas- und Wasserfaches e.V. (DVGW): Arbeitsblatt DVGW W 405-B1 (A) Februar 2015, Bereitstellung von Löschwasser durch die öffentliche Trinkwasserversorgung; Beiblatt 1: Vermeidung von Beeinträchtigungen des Trinkwassers und des Rohrnetzes bei Löschwasserentnahmen

58 Hölemann, H.: Environmental problems caused by fires and fire-fighting agents; International Association for Fire Safety Science – Proceedings of the Fourth International Symposium; 1995; S. 61-77

59 Salzmann, Jean: 10 Jahre nach Schweizerhalle In: Schweizerische Feuerwehr-Zeitung; Schweizerischer Feuerwehrverband; 1996; 12; Dezember; S. 891-894

60 Edwards, T.: The prevention of water pollution In: The Fire Engineers Journal; The Institution of Fire Engineers; Leicester/UK; 1995; 176; März; S. 13-17

61 Paersch, A.; Spengler, D.-U.: Das Problem Löschwasser In: Brandschutz; Kohlhammer; Stuttgart; 1994; 7; Juli; S. 445-448

62 Whiteley, B.: Firefighting effects on the environment In: Fire International; FMJ International Publications Ltd.; Redhill, Surrey/UK; 1994; August/September; S. 35-36

63 McConachie, A.: Environmental Protection: Fire and its effects on the environment In: BFSA Journal; The British Fire Services Association; Leicester/UK; 1993; 2; Herbst; S. 7- 3

64 Pohl, K. D.: Löschmittel in der Diskussion In: vfdb-Zeitschrift; Kohlhammer; Stuttgart; 1989; 4; S. 177-183

65 Donkelaar, P. van: Protecting waterways from run-off pollution In: Fire International; FMJ International Publications Ltd.; Redhill, Surrey/UK; 1995; Winter; S. 18-22

66 Donkelaar, P. van: Löschwasser-Rückhalteanlagen In: 112 – Magazin der Feuerwehr; 1996; 6; Juni; S. 345-350

67 National Rivers Authority / Chief & Assistant Chief Fire Officers' Association (Hrsg.): A partnership in environmental protection: water – The bringer of life; NRA / CACFOA; Birmingham/UK; 1995

68 Wieneke, A.: Erarbeitung von Konzepten zur Beurteilung und Reinigung kontaminierter Löschwässer (Dissertation BUGH W 1997 – D 468); VDI Verlag; Düsseldorf; Fortschrittsberichte VDI Reihe 15 Umwelttechnik Nr. 166; 1997

69 Berth, P.; Gerike, P. et al.: Zur ökologischen Bewertung technisch wichtiger Tenside In: Tenside Surfactants Detergents; Carl Hanser; München; 1988; 25; S. 108 – 115

70 Schöberl, P.; Bock, K. J. et al.: Ökologisch relevante Daten von Tensiden in Wasch- und Reinigungsmitteln In: Tenside Surfactants Detergents Carl Hanser; München; 1988; 25; S. 86-98

71 Hellmann, H.; Müller, D.: Gutachten über die Wassergefährlichkeit von Schaumlöschmitteln; Bundesanstalt für Gewässerkunde; Koblenz; 1975

72 Jung, M.: Gewässergefährdung beim Einsatz von Schaummitteln In: Brandschutz; Kohlhammer Verlag; Stuttgart; 1996; 11; November; S. 853-858

73 Scherer, O.: Einleitung von kontaminiertem Löchwasser in Kläranlagen In: Brandschutz; Kohlhammer Verlag; Stuttgart; 1998; 4; April; S. 372-375

74 Laska, W.: Löschmittel und Umweltschutz – Braucht die Feuerwehr mehr als Wasser? In: vfdb-Zeitschrift; Kohlhammer; Stuttgart; 1990; 4; S. 186-190

75 Romanus, A.; Köppke, K.-E.: Analytik und Entsorgung kontaminierter Lösch- und Reinigungswässer In: vfdb-Zeitschrift; 1996; 4; S. 160-165

76 Beimborn, D.; Flemming, H.-C.; Grummt, T. et al.: Wirkungsbezogene Umweltanalytik In: GIT Labor-Fachzeitschrift (Sonderdruck); GIT Verlag; Darmstadt; 1998; 42; S. 905-908; 1058-1062

77 Albers, R.: Überprüfung verschiedener Analyseverfahren zur Charakterisierung kontaminierter Löschwässer vor Ort während der Brandbekämpfung (Studienarbeit); BUGHW FB 14 Prof. Pohl; Wuppertal; 1997

78 Voss, S.: Bewertung kontaminierter Löschwässer mithilfe von biologischen und chemischen Parametern (Studienarbeit); BUGHW FB 14 Prof. Pohl; Wuppertal; 1994

79 de Vries, Holger: Untersuchungen zur Optimierung der Bekämpfung von Feststoffbränden mit Wasser und Schaum im mobilen Einsatz der Feuerwehren(Dissertation BUGH W 2000); Book-on-Demand www.bod.de

80 Bundesanstalt für Gewässerkunde (Hrsg.): Stellungnahme zum Abbau und Umweltverhalten von Fluortensiden; Bundesanstalt für Gewässerkunde; Koblenz und Berlin; 30.03.99

81 http://www.airservicesaustralia.com/environment/firefightingfoam/use-of-fire-fighting-foam/ vom 15.12.2016

82 FLF PANTHER 6x6 des Airservices Australia (FP ROSENBAUER R600 mit 6.200 LPM bei 11 bar; 8.600 L Wasser; 1.300 SM, 225 kg TroLM; FOAMATIC RVMA 500, Dachwerfer RM605 mit 5.500 LPM bei 10 bar; Bodendüsen: 2 Front 200 LPM, 4 Heck 70 LPM)

83 http://www.bgblportal.de/BGBL/bgbl1f/bgbl107s2382.pdf

84 Umweltbundesamt: http://www.reach-info.de/pfc.htm; 21.01.2017

85 Fabrik chemischer Präparate von Dr. Richard Sthamer GmbH & Co. KG: Schaumkonzepte – Möglichkeiten und Grenzen; Stand 03-2013; D-22113 Hamburg

86 H. de Vries: Das Ziel: Fluorfrei, Feuerwehr-UB; Huss Medien; Berlin; 07 – 08; 2014; pp. 34 – 36

87 Wibera Wirtschaftsberatung AG: Grundsatzstudie Feuerwehr – Zusammengefasster Ergebnisbericht; Düsseldorf; 1978; S. 48 ff.

88 Särdqvist, Stefan: Vatten och andra släckmedel; Räddningsverket Karlstad/Schweden 2002

89 H. de Vries, A. Weich, W. Freynik, A. Graeger, U. Cimolino: „Einsatzpraxis: Wasserförderung über lange Wegstrecke – Taktik und Technik", ecomed, Landsberg, 2004 (374 Seiten)

90 H. de Vries: Kompakter Schlauchwagen [Bolougne-sûr-Mer]; Feuerwehr-UB; Huss Medien; Berlin; 04, 2015, pp. 34 – 35

91 H. de Vries: Zeit zum Umdenken [Pumpenkonfiguration], Feuerwehr-UB; Huss Medien; Berlin; 06; 2015; pp. 82 – 85

92 M. Behrens, H. de Vries: „Normung von Sammelstücken größer 2B-A" in: Brandschutz 11/2005; Feuerwehr in Sachsen-Anhalt 11/2005; Feuerwehr 12/2005 p. 57; DIN Mitteilungen

93 Erste Katastrophenschutzfahrzeuge mit Hytrans Fire System in NRW eingetroffen: In: FEUERWEHReinsatz:nrw 12/2015, pp. 29 – 32

94 H. de Vries, A. Weich, A. Graeger, U. Cimolino: „Großtanklöschfahrzeuge statt Hydranten? – Diskussion eines alternativen schwedischen Systems für die Wasserversorgung", vfdb-Zeitschrift 2/2005

95 H. de Vries: Im neuen Gewand [Wasserversogung in NL]; Feuerwehr-UB; Huss Medien; Berlin; 05, 2015, pp. 46 – 47

96 H. de Vries: „Neuer Tankvogn [GTLF 30/125-8/TS] in Kolding"; Feuerwehr Magazin, Bremen, 2011, 12, Dezember, pp. 61

97 Kamm, Wolfram et al.: ABC des Einsatzleiters der Feuerwehr., 7. Auflage, Staatsverlag der DDR, Berlin, 1988

98 Floud, G.; Hober, A.: Fachbücherei Brandschutz, 12 Löschwasserversorgung., 4. Auflage, Staatsverlag der Deutschen Demokratischen Republik, Berlin, 1976

99 Grimwood, Paul: Fire-fighting Flow-rate (Barnett (NZ) – Grimwood (UK) Formulae (PDF); Jan. 2005

100 Feuerwehrakademie Hamburg: Brandschutz Lehrunterlage Schaumeinsatz mit HLF / HLZ; Version 1.0; nicht datiert

101 Rodewald, Gisbert: Feuerlöschmittel; Kohlhammer Verlag; 7. A. 2005; p 106

102 National Fire Protection Association: NFPA 11 – Standard for Low-, Medium and High-Expansion Foam; 2005 Edition; Quincy MA/USA 2005

103 US Navy Salvage Manual: Chapter 3 – Salvage Firefighting Principles; Dokument Nr. S0300-A6-MAN-030, pp. 3-35 ff.

104 Deutscher Verein des Gas- und Wasserfaches e.V. (DVGW): Wasserversorgung Rohrnetz/Löschwasser, Technische Regeln Arbeitsblatt W 405

105 Freynik, Wolfgang: Die Löschwasserversorgung. Feuerwehrtechnische Grundausbildung der Berliner Feuerwehr, http://www.berliner-feuerwehr.de, November 2000

106 Kaufhold, Friedrich; Rempe, Alfons: Feuerlöschmittel: Eigenschaften, Wirkung, Anwendung; Verlag Kohlhammer / Deutscher Gemeindeverlag

107 Eishold, E. und Meyer, J.: Die Löschmittel; Verlag Simowa AG Pfäffikon ZH/Schweiz; 3. Auflage 1993

108 Särdqvist, Stefan: Vatten och andra släckmedel; Räddningsverket Karlstad/Schweden 2002

109 Woodwoth, Steven P. und Frank, John A.: Fighting fires with foam; Van Nostrand Reinhold New York NY/USA 1994

110 Rosander, Mats und Giselsson, Christer: The book of foam; Räddningsverket Karlstad/ Schweden 1994

111 Fornell, David P.: Fire stream management handbook; Fire Engineering Pennwell Publishing Company Saddle Brook NJ/USA 1991

112 de Vries, Holger; Dietrich, Matthias: Untersuchungen zur Dimensionierung von Löschanlagen zur Behälterschäumung, vfdb-Zeitschrift, 2003, Nr. 4, pp. 163 – 169

113 2022 Geplante Schließung des Fliegerhorsts Hohn (Stand: 14.12.2014) laut Matthias Müller: LTG 63 fliegt noch bis 2021 mit Transall. www.luftwaffe.de, 14. Dezember 2015, abgerufen am 11.03.2017

114 IFSTA: Marine Fire Fighting. IFSTA 36352 (2000), ISBN 0-87939-177-4, Fire Protection Publications; Headquarters for the International Fire Service Training Association; 930 N. Willis; Stillwater, Oklahoma 74078 USA

115 IFSTA: Marine Fire Fighting for Land-Based Firefighters, IFSTA 36476 (2001), ISBN 0-87939-195-2, Fire Protection Publications; Headquarters for the International Fire Service Training Association; 930 N. Willis; Stillwater, Oklahoma 74078 USA

116 de Vries, Holger; Dietrich, Matthias: Untersuchungen zur Dimensionierung von Löschanlagen zur Behälterschäumung, vfdb-Zeitschrift, 2003, Nr. 4, pp. 163 – 169

117 Institut der Feuerwehr: Einsatz von Schaum für die Brandbekämpfung, Ministerium des Innern [der DDR], Berlin 1975

118 Pleß, Georg; Lubosch, Eberhard: Löschen mit Schaum; Rudolf Haufe Verlag; 1.A. Berlin; 1991

119 recherchiert: Angus Fire, ANSUL, AWG, Chubb, Kidde, Total Walther, Tyco. Tatsächlich sind viele Schaumrohre sich derart ähnlich, daß man versucht ist zu glauben, sie

würden alle von einem Hersteller gefertigt werden und kämen nur mit unterschiedlichen Etiketten in den Markt.

120 Das HI-EX-Leichtschaumverfahren – Mitteilung der Minimax-AG, Urach/Württ.; In: BS Oktober 1964; p. 221

121 Total Kom.-Ges. Forster & Co, Ladenburg/Neckar: Total Leitschaum Rohr (Total Rockwood-Jet-Nozzle) [Anzeige]; In: BS November 1965; nicht paginiert

122 Zils, Walter: HI-EX-Schaum; In: BS Januar 1965; pp. 2 – 3

123 Verwendung von Leichtschaum zum Ablöschen von Alkohol- und Schwefelkohlenstoffbränden; In: Brandschutz Oktober 1966; p. 233

124 Schriftleitung: HI-EX [Editorial]; In: BS Oktober 1966

125 Link: Löschversuch mit einem Leichtschaumgerät; In: BS Juli 1967; pp. 161 – 162.

126 Webner, Volkmar: Einsatz eines HI-EX-Schaumgenerators; In: BS Oktober 1966; p. 222

127 Seidel, Kurt-Werner: HI-EX-Schaum – Bewährung bestanden; In: BS Oktober 1966; p. 223

128 Hartmann, M.; Schmidt, M.: Feuerwehr Frankfurt – Brandschutz in einer Metropole, Band 1 und 2; MIBA-Verlag; 1994

129 Funktionsweise: Das Wasser wird von der Feuerlöschkreiselpumpe (800 L/min) über ein Rohrsystem nach hinten geführt. Dort befinden sich 2 Schaummittelbehälter à 350 Liter. Ein fest eingebautes Dieselaggregat betreibt die Zumischpumpe und einen großen Axiallüfter. Nach Absenken der Heckklappe kann eine Schaumlutte (2 x 15 m) herausgezogen werden. Das Wasserschaumgemisch wird über einen Düsenstock im Heck des Fahrzeuges vernebelt und durch ein Sieb der Schaum ausgeblasen. Je nach Drehzahl des Lüfters kann die Verschäumungszahl variiert werden.

130 Kleier, H: Stationäre Leichtschaumlöschanlagen; In BS Januar 1967; pp. 10 – 12.

131 Bumiller, Günter: Der Einsatz von Leicht- und Mittelschäumen bei der Bekämpfung von Schiffsbränden; (Abschnittsarbeit); Feuerwehr Hamburg 1970

132 Brunswig, Hans: Schaumrohr vor! Fa. Total Foerstner & Co. Ladenburg (Eigenverlag), 1973, p. 136

133 Rosenbauer AG: Pressemitteilung_3098.PDF; 01. April 2016

134 Kleier, H: Stationäre Leichtschaumlöschanlagen; In BS Januar 1967; pp. 10 – 12.

135 DIN 14092-1:2012-04 Feuerwehrhäuser – Teil 1: Planungsgrundlagen

136 Strahlrohre für die Brandbekämpfung — Teil 1: Allgemeine Anforderungen; Deutsche Fassung EN 15182-1:2007; Beuth; Berlin; 2007

137 Strahlrohre für die Brandbekämpfung — Teil 2: Hohlstrahlrohre PN 16, Deutsche Fassung EN 15182-2:2007; Beuth; Berlin; 2007

138 Strahlrohre für die Brandbekämpfung — Teil 3: Strahlrohre mit Vollstrahl und/oder einem unveränderlichen Sprühstrahlwinkel PN 16; Deutsche Fassung EN 15182-3:2007; Beuth; Berlin; 2007 – Hinweis des Verfassers: Dies ist die Ersatznorm für DIN 14 365 Mehrzweckstrahlrohre PN 16

139 Strahlrohre für die Brandbekämpfung — Teil 4: Hochdruckstrahlrohre PN 40; Beuth; Berlin; 2007

140 Nach Verteiler-Nomenklatur eigentlich „Abgängen“

141 Luftschutz-Hilfsdienst

142 Dies war keine wirklich überraschende Feststellung, da Z-Zumischer auch zum Evakuieren von Flachschläuchen verwendet werden können, um sie „gefügig" für Schlauchtragekörbe zu machen.

143 de Vries, Holger; Zoellner, Erich: „Alarm für den GW-G zur Schaummittelversorgung" – Schaummittelversorgung über lange Wegstrecken; In: BS 2/2016, pp. 115 – 121

144 Angusfire.co.uk; Datenblatt 5037-Titan-BIPOD-Monitors.pdf; 21.01.2017

145 Hersteller: METAL ARSENAL s.r.o.; Pod bradova ulice 1920; 289 22 Lysá nad Labem; Tschechische Republik; http://www.eccotarp.com

146 Vgl. auch DIN 14555-12 Rüstwagen und Gerätewagen — Teil 12: Gerätewagen Gefahrgut GW-G Ziffer 9.36: Auffangtrichter aus beidseitig mit NBR beschichtetem Chemiefasergewebe, ableitfähig (Durchgangswiderstand 109 Ω), oberer Durchmesser etwa 1.000 mm mit Randverstärkung und Ösen im Abstand von etwa 200 mm mit durchgezogenem Kunststoffseil, Trichterlänge etwa 1.000 mm, mit dicht einkonfektionierter VK 50-Kupplung

147 Fahrgestell Scania P 360CB 4X4 HHZ mit einem Radstand von 4.100 mm und Allradantrieb bei einer Gesamtmasse von Gesamtgewicht 18 t, 360 PS Euro-5-Common-Rail-Diesel mit 13 Litern Hubraum, Allison-Automatikgetriebe vom Typ GA 866 R mit Retarder und Wählhebel an der Lenksäule, Aufbau Feumotech AG aus CH-4565 Recherswil, Farbkombination aus in RAL 1023 Verkehrsgelb für den Kofferaufbau und RAL 3000 Feuerwehrrot.

148 Vgl. auch DIN 14555-12 Rüstwagen und Gerätewagen — Teil 12: Gerätewagen Gefahrgut GW-G Ziffer 9.78: Handelsübliche Großbehälter aus PE, Maße außen etwa 900 mm × 700 mm × 540 mm, Volumen etwa 220 L, ineinander stapelbar (4 Stück)

149 H. de Vries: „When did you fight your last crib fire?", Fire Chief Magazine, 1997, Nr. 3, März, 70–76

150 Nach Untersuchungen von Blätte, Wuppertal, aus dem Jahr 1992 ist ein „durchschnittlicher Feuerwehrangehöriger bei der BF Wuppertal" sechsmal im Laufe eines Berufsjahres bei einem Einsatz mit Vornahme eines C-Rohres anwesend [Blätte, H.-J.: Berufsfeuerwehr – Quo vadis? In: vfdb; Kohlhammer; Stuttgart; 1994; 2. Februar; S. 48], für Berlin (1996, nur BF) hat der Verfasser für die Zahl einen Wertebereich zwischen 4 und 47 berechnet [Berliner Feuerwehr: Jahresbericht 1996].

**Lösungen zu Kap. 4.5:**

1. Filmbildender Fluorproteinschaum (FFFP oder 3FP)
2. Die Alkoholbeständigkeit eines Schaummittels wird durch Anhängen der Buchstaben-Kombination „ATC“ für „alcohol type concentrate“ oder „AR“ für „alcohol resistant“ an das Schaumkurzzeichen kenntlich gemacht.

3. a); 4.c)

**Lösungen zu Kap. 5.6:** 1. a); 2. b); 3. a); 4. b); 5. b)

**Lösungen zu Kap. 6.4:** 1. b); 2. b)